地鳖虫高效益养殖实用技术

胡庆华　刘玉霞　编著

U0227335

科学技术文献出版社
SCIENTIFIC AND TECHNICAL DOCUMENTATION PRESS
· 北京 ·

图书在版编目(CIP)数据

地鳖虫高效益养殖实用技术/胡庆华，刘玉霞编著．-北京：科学技术文献出版社，2013.8（2023.7重印）

ISBN 978-7-5023-8028-1

Ⅰ.①地…　Ⅱ.①胡…　②刘…　Ⅲ.①地鳖虫-饲养管理　Ⅳ.①S865.4

中国版本图书馆 CIP 数据核字(2013)第 130507 号

地鳖虫高效益养殖实用技术

策划编辑：孙江莉　责任编辑：孙江莉　责任校对：梁桂芬　责任出版：张志平

出 版 者　科学技术文献出版社
地　　址　北京市复兴路 15 号　邮编 100038
编 务 部　(010)58882938，58882087(传真)
发 行 部　(010)58882868，58882874(传真)
邮 购 部　(010)58882873
官方网址　www.stdp.com.cn
发 行 者　科学技术文献出版社发行　全国各地新华书店经销
印 刷 者　北京虎彩文化传播有限公司
版　　次　2013 年 8 月第 1 版　2023 年 7 月第 2 次印刷
开　　本　850×1168　1/32
字　　数　134 千
印　　张　6.5
书　　号　ISBN 978-7-5023-8028-1
定　　价　19.00 元

编　委　会

主　编　胡庆华　刘玉霞

副主编　印文俊　范雪莹

编　委　宁二中　宋师波　吕凤娇

白雪健　邹兴淮　闫　艳

袁　柱

前　言

地鳖虫是我国传统的名贵中药材，千百年来人们利用其治疗疾病，为人类健康做出了巨大的贡献。多年来，地鳖虫的市场供给多依赖于野生捕捉，但随着农药、化肥的大量使用，以及我国旧房翻新、楼房建造、地面硬化等新农村建设的快速发展，野生地鳖虫生态环境受到了破坏，再加上人们的大量捕捉，野生地鳖虫种群数量急剧减少。

随着中医文化在世界各地的传播和食用昆虫热的兴起，地鳖虫的市场需求量急剧上升。因此，人工养殖是解决市场需求的必由之路。

地鳖虫人工养殖经过多年的发展，已有成熟的技术模式，很好的市场前景。但是目前仍存在技术水平参差不齐，养殖规模各不相同，养殖效益有高有低，而且市场上鱼目混珠，混淆视听者大有人在，如过分夸大养殖效益，高价卖种赢取暴利等。在这里告诫刚刚涉足地鳖虫养殖的养殖户，人工养殖地鳖虫是养殖业中的一部分，同样要遵循发展一般养殖业（如养猪、养鸡）的共同规律和原则，即要有养殖场所、一定的资金和有人管理。因此新手养殖者需要购买相关书籍、参加培训和参观养殖场，了解并掌握地鳖虫的生活习性及活动规律。引种时除做好相应的准备工作外，初养规模不宜太大等，那种不顾规模、不顾技术掌握程度而梦想一举成功的做法是要不得的。

本书编写组成员在编写过程中收集了大量资料，并深入地鳖虫养殖场，认真整理养殖经验后编写了本书，力争为我国地鳖虫养殖业做出些许贡献。在此对编写过程中参考了相关资料的作者致谢，但限于编者的实践经验和理论水平，书中不妥和错误之处敬请有关专家及读者批评指正。

编者

目　　录

第一章　地鳖虫养殖概述

地鳖虫(图 1-1),别名土元、地鳖、地乌龟、土王八、簸箕虫、土鳖、盖子虫、节节虫等,中医古籍称为䗪虫,在动物分类学上隶属节肢动物门、昆虫纲、蜚蠊目、鳖蠊科、地鳖虫属,为一种爬行昆虫。

图 1-1　地鳖虫

地鳖虫是我国传统的名贵中药材,千百年来人们利用其治疗疾病,为人类健康做出了巨大的贡献。多年来,地鳖虫的市场供给多依赖于野生捕捉,但随着农药、化肥的大量使用,以及我国旧房翻新、楼房建造、地面硬化等新农村建设的快速发展,野生地鳖虫生态环境受到了破坏,加上人们的大量捕捉，野生地鳖虫种群数量急剧减少。因此，人工养殖是解决市场需求的必由之路。

多年来的实践证明，人工养殖地鳖虫是一项成本低，收益高，管理方便，设备简单，食料广泛，繁殖力强，适应性广，是利国利己的副业项目，集体、家庭和个人都可饲养，很有发展前途。

第一节　地鳖虫的形态特征

一、外部形态

地鳖虫的外形分为头、胸、腹 3 部分。

地鳖虫的身体表面包着一层坚韧的外骨骼，外骨骼可以保护和支持身体内部柔软的器官，防止体内水分蒸发，使地鳖虫能更好地适应陆地生活。外骨骼不能随着地鳖虫的生长而增长，所以，在地鳖虫的生长发育过程中，有蜕皮现象，每蜕皮 1 次就生长 1 次，雄虫一生蜕皮 7～9 次，雌虫一生蜕皮 9～11 次才能发育为成虫。

1. 头部

地鳖虫的头部是感觉和取食的中心。头部很小，隐藏在前胸部的背板下，运动和觅食时伸出。头部有一对丝状触角，长而多节，基部位于复眼的前端，是触觉和嗅觉器官，具有嗅、触、听的功能。

地鳖虫有单眼、复眼各一对，一对复眼在头顶两侧，2 个单眼在复眼之间。复眼是由很多单眼组成的，复眼不仅能感光，而且能辨认物体的形状和大小。单眼结构简单，仅可辨别光线的强弱。

口在头部的前方，口的周围是口器，它由头部后面 3 对附肢和部分头部联合组成，包括上唇、上颚、下颚、舌和下唇，其中上颚有坚硬具齿，是咀嚼的主要器官，适于咀嚼和咬碎食物，故称为咀嚼式口器。

2. 胸部

胸部由前胸、中胸、后胸 3 部分构成，是地鳖虫运动的部位。背面由 3 块鳞状板组成，前胸背板前狭后宽，近似三角形，较大，能遮住头部。中胸及后胸较狭窄，两侧及外后角向下方延伸。

各节腹面均有 1 对足，一共 3 对足。足由基部到末端分别为基节、转节、腿节、胫节、跗节，整条足瘦长，适于疾走和攀爬。

3. 腹部

腹部分节明显，背面共分 9 节，背板质地坚硬，是地鳖虫消化吸收和繁殖部位。

腹面质较软，体节之间由节间膜相连，它和两侧的膜质部一样，有较大的伸缩性，呈一窄缝状，第八至第九腹节背板亦缩短，藏于第七腹节的背板凹口内，第九节生有尾须 1 对。

肛上板扁平横向，其后缘平直，与侧缘形成显著角度。后缘中央有凹陷，似 1 对门齿，露出尾端。腹部的末端有肛孔及外生殖器。

二、内部构造

地鳖虫的内部构造，主要包括神经系统、消化系统、呼吸系统、循环系统、排泄系统、生殖系统等。

1. 神经系统

地鳖虫的头部有嗅觉、触觉和感觉器官。

地鳖虫头小，常隐藏在前胸部的背板下，运动和觅食时伸出。头部有1对较长的丝状触角，是触觉和嗅觉的器官，具有触、听、嗅、味的功能，为可活动的附肢，也是地鳖虫最为敏感的感官。

眼有单、复眼之分，复眼1对，2个单眼在复眼之间。单眼主要是感觉器官，可辨别光线的强弱，而复眼有感光和辨认物体的功能。

2. 消化系统

地鳖虫的消化系统由前向后分为口、咽、食道、嗉囊、前胃、胃、小肠、直肠和肛门。

口周围的咀嚼式口器是摄取食物的器官，它将食物咬碎后吞下经食道送入嗉囊，嗉囊是食道的膨大部分，是暂时贮存食物的地方，在嗉囊内食物被嗉囊液软化后黏合成食团。

嗉囊之后为一个膨大而富有肌肉的前胃，前胃的内壁具有外骨骼形成的齿状突起，它具有继续研磨食物的功能，同时还能阻止未经研细的食物向下运送。前胃的后端还有一个向前突入的贲门瓣，也有防止粗糙食物进入胃的功能。因此，地鳖虫吃入的食物先在嗉囊贮存，然后通过齿状突的充分研碎成为细微食团后才能送入胃中。

胃是消化和吸收的主要部分，呈囊状。胃的前端有一向外突出的多条胃盲囊，可以增加消化和吸收的面积。在胃的内壁有一层食物膜，有防止食物擦伤胃壁的作用，这层食物膜可以随时受破坏而脱落，脱落后又可以重新形成。

另外，胃壁的细胞能分泌消化酶，对食物进行彻底的消化和吸收;食物的残渣及水分进入肠,在小肠中吸收多余的水分后,在直肠中形成粪便并通过肛门排出体外。

3. 呼吸系统

地鳖虫是以气管进行呼吸的,这些气管将空气直接带到组织中进行气体交换。

地鳖虫的气管是体壁向内凹陷而成的管子,在身体两侧有一条纵行的气管。它与体节上的气管相连起来,气管再分成小气管分布在各种器官的组织中。体节上的气管通过气门与外界相通,气门有活瓣,是控制气门的自由开关,保证气体进出畅通无阻。

4. 循环系统

地鳖虫的循环系统与其他昆虫一样是开管式循环,无色透明的血(因为其血液里虽含有血浆和血细胞,但不含血红蛋白)自心脏流出后,经过动脉进入血腔中运行,最后又通过心孔回到心脏。

心脏呈管状,位于腹部体节的背面,每节有一个膨大的心室,各室有1对心孔,心孔具有活瓣,可以控制血流方向。血液不含血红蛋白,因此血液只能携带少量的氧,其主要的功能在于运输养分、分泌物和排泄物。

血腔又称血窦,内部充满了血液开管式的腔,它分别包围着各个内脏,其中最大的围脏窦包围了整个消化管,而腹血窦包围了中枢神经。

地鳖虫的血液因在低压力的血腔中缓慢流动,当附肢折断后不会引起过多的出血,这也是对附肢容易折断的一种适应性保护。

5. 排泄系统

地鳖虫的排泄系统为马氏管，马氏管是消化管的向外突起，位于血腔之中，它能从血液中收集各种代谢废物，送入肠中，然后废物连同粪便一同排出体外。

地鳖虫排出的废物像其他陆生昆虫一样，主要成分是不溶于水的尿酸，因此在排出时不会消耗大量体内的水分，这是对干燥环境中生活的一种适应性。

6. 生殖系统

地鳖虫雌雄异体且异形。

雌性生殖系统位于消化道的背面、侧面和腹面，由卵巢、输卵管、生殖腔、生殖孔以及附属结构，如卵萼、受精囊、副性腺等组成。卵巢包含有若干卵管，位于消化管的背侧；卵巢的两侧各有一条输卵管，两侧输卵管后行到身体后端连成一条总输卵管，直通生殖孔开口于体外；在输卵管前端常膨大成卵萼，供产卵时暂时储存卵粒，生殖孔的前端背方是其突出形成的长管状受精囊，是交配时接受精子的地方。此外，生殖腔背面有副性腺，产卵时能分泌胶质将产出的卵粒黏合在一起，形成特殊的卵鞘。

雄性生殖器官在消化管的背方，左右有一个精巢，它由若干条小管组成，能够产生精子。与精巢相接的是输精管，其末端膨大成贮精囊，是暂时贮存精子的地方。两条输精管与一条射出管相连，而射出管连接阴茎与生殖孔相通。此外，在射出管的上端与能分泌黏液的副性腺相连，黏液有保护精子的作用。

三、我国常见地鳖虫品种及特征

地鳖虫的品种较多，目前市场上销售的药用种类主要是中华地鳖、冀地鳖、金边地鳖，其中中华地鳖药用价值最高，也是目前饲养数量最多的种类。

1. 中华地鳖

中华地鳖主要分布在北京、河北、山东、山西、陕西、内蒙古、新疆、四川、贵州、湖南、湖北等地。

(1)雌成虫(图 1-2)：雌成虫身体扁平，椭圆形，背部隆起；体长 3～3.5 厘米，体宽 2～3 厘米。

雌成虫背面赤褐色至黑褐色，有灰蓝色光泽，双翅退化；干燥后的虫体色稍深，无光泽；腹面为棕褐色；头部较小，隐于前胸下部的背板下，寻食时伸出，可见其颈，口器咀嚼式；有 1 对丝状触角；两复眼呈肾形，凹陷的一侧围绕于触角基部，两个单眼位于两复眼之间的上方；前胸背板呈三角形，中间有微小刻点组成的花纹，中胸及后胸较狭窄；腹部可见 9 节，末端有 1 对较小的尾须；胸部有 3 对较发达的足，具细毛和刺，茎节粗壮，藏于胸部腹面的基节窝里；腿节呈筒状且长，胫节多刺，前、中、后足的跗节都有 5 节，末端有 1 对爪，无爪垫。

(2)雄成虫(图 1-3)：雄成虫体长 3～3.5 厘米，体宽1.5～2 厘米。身体颜色比雌虫浅，呈淡褐色。体表较雌虫鲜艳，披有纤毛。有翅，前翅革质、脉纹清楚可见；后翅膜质半透明，翅脉黄褐色，平时折叠于前翅下。

(3)卵(图 1-4)：卵粒包在卵鞘中，每个卵鞘长 10 毫米，宽 5 毫米，初产下的卵鞘紫红色，48 小时后颜色逐渐变深，变成棕褐色，卵鞘表面有数条微弯曲的纵沟，内陷一侧较厚，较薄

图 1-2　雌成虫

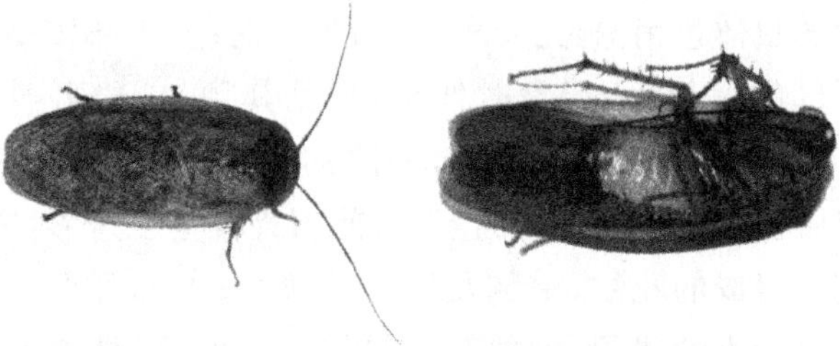

图 1-3　雄成虫

一侧生有锯齿状钝刺，每个卵鞘平均有卵 10 粒左右。

(4)若虫(图 1-5)：刚从卵鞘钻出的若虫体表由一层透明的卵膜包裹着，形状似臭虫，呈乳白色，待挣脱体外透明卵膜后，其大小如绿豆般，长约 0.4 厘米，宽 0.3 厘米，性情活泼，爬行敏捷，1 天后体色即变为黄褐色；随着生长过程中蜕皮次数的增加，其颜色也逐渐加深，直到末龄时呈深褐色，并伴有紫黑色光泽。

图 1-4　卵

图 1-5　若虫(放大图)

2. 冀地鳖

冀地鳖分布地区较狭小，仅限于河北、吉林、辽宁、内蒙古、山东、陕西、河南等省(区)。

(1)雌成虫：雌成虫的虫体比中华地鳖虫大，无翅，体长

3.8～4.1 厘米，体宽 1.9～2.6 厘米，虫体呈椭圆形，背部隆起呈盾形，身体为棕褐色至褐色，并密生着小粒状突起，无光泽。1 对复眼相隔较近，中后足胫节上有多枚距刺，腹面呈赤褐色，腹生殖板后缘呈弧形，中央有较宽深的切口。

(2)雄成虫：雄成虫身体长 3～3.5 厘米，身体黑棕色至黑褐色，披有微细的纤毛。雄虫有翅且发达，前翅前缘革质部分较宽，翅脉较稀疏。

(3)卵：卵鞘长 1.2～1.5 厘米，宽 0.2～0.6 厘米。每个卵鞘一般含卵 13～18 粒。

(4)若虫：初孵出时体色呈乳白色，随着生长发育变为形似雌成虫，仅虫体略小。

3. 金边地鳖

金边地鳖主要分布于我国浙江、广东、海南、台湾、福建等省。

(1)成虫：雌、雄成虫外形相似，均无翅膀。雄虫体长 2.2～2.5 厘米，体宽 1.4～1.5 厘米；雌虫体长 3.6～4.0 厘米，体宽 1.7～2.0 厘米。雌、雄成虫体扁平，椭圆形。体背部呈紫褐色至棕褐色，且有光泽。雄虫体色较浅，但富有光泽。两复眼相距较远。腹板后缘内陷，中央无明显的切口。足的胫节上生有密集的刺。在背板的前缘及侧缘呈橘黄色。

(2)卵：卵粒由呈鞘状的卵袋包裹，卵袋长约 2 厘米，宽为 0.5 厘米。卵袋产出时呈乳白色，随后逐渐变暗黄、黄褐色至棕褐色，经 10 小时左右卵袋才脱离雌体。卵袋稍弯曲，呈豆荚形，向外突出的一侧有两排搓板状陷窝，为孵化孔；陷窝中间呈波浪状的一条曲线为袋内两排卵粒的分界线，从卵鞘表面可见由袋内卵粒膜印显现出的沟形横纹。

(3)若虫：幼龄若虫体态与成虫相似，但体色稍浅，背部稍隆起，1～2 龄前，中、后胸背板外缘无鳞片状翅芽，3 龄后翅芽才陆续出现，6 龄才与成虫完全相同，当达到老龄若虫时，前胸背板前缘皮两侧的金黄色镶边才明显可见。此时体型大小、颜色深浅很难与成虫区别。

另外，还有云南产的滇地鳖、西藏产的真地鳖和珠穆朗玛地鳖等。

第二节　地鳖虫的生活习性

1. 土栖性

地鳖虫喜欢生活在阴暗、潮湿、腐殖质丰富、稍偏碱性的疏松土壤中，入土深度可达 0.5～0.6 米。在野外栖息于枯枝落叶及石块下的松土中，在室内常见于厨房灶脚、松土中及鸡舍、牛棚、猪栏、柴草堆下、碾米厂、榨油厂、食品厂、磨坊等处也是其栖息之地。

2. 负趋光性

地鳖虫怕日光，尤其怕强光直射，喜欢昼伏夜出，白天潜伏于饲养土中，每天觅食时间为晚上 7～12 时，其中以晚上 8～11 时活动达到高峰期，之后活动就很少，大多回原地栖息。

3. 变温性

地鳖虫生长受温度影响很大，野生状态下的地鳖虫完成一个世代需要 2～4 年的时间，每年 4 月上旬气温回升至 10℃时，陆续开始出土活动，5 月中旬至 10 月下旬为活动高峰期。生长最适温度为 25～32℃，10℃以下开始冬眠。

试验证明，地鳖虫的冬眠不是受季节的影响，而是受环境温度的影响。在北方自然温度下地鳖虫冬眠得早，冬眠期长；南方冬眠得晚，冬眠期短。冬季在加温饲养的条件下，地鳖虫不冬眠，照样生长发育和繁殖。有条件的饲养场(户)可采用自动控温、催熟不让其冬眠，再加之食料供应充分合理，10～11个月即可完成一个世代，从而提高饲养地鳖虫的经济效益。

4. 生命力极强

只要不暴露于室外，无风吹雨打，无阳光直晒，地鳖虫都可生存。疏松的土壤，阴暗潮湿的环境，便可使地鳖虫生长得很好。

地鳖虫耐寒力极强，－30℃也不会冻死，有时候看起来已经干瘪，一到春天气温转暖，它又能起死回生。

5. 假死特性

地鳖虫无自卫能力，一旦有响动和强光发出，便立即潜逃；逃不及被捕捉时，便立即装死，这种现象称为“假死”。有时“假死”一阵子后，发现没有动物侵害，马上爬起来逃跑。

6. 杂食性

地鳖虫是一种杂食性昆虫，食物很广，主要有粮食、油料加工后的副产品和下脚料，各种蔬菜、青草、农作物的茎叶、水生植物以及各种瓜果等。此外，畜禽粪和蚯蚓粪也是它的食物。

野生的地鳖虫觅食的范围不大，有就近摄食的特点，如生活在厨房的地鳖虫则吃食饭粒、肉屑、菜渣、骨头等；如生活在粮仓、加工厂的地鳖虫则以各种掉在地上的糠麸为食物。但是在人工饲养时，则要依据地鳖虫的食性和生长阶段科学地搭配饲料，为地鳖虫提供全面的营养物质，保证其正常的生长繁殖。

地鳖虫的食性虽然很广，但它对各种食物的喜好还是有选择性的，喜欢采食的食物对它有极大的诱惑性，对它不爱吃的食物会避而远之。所以，在人工饲养时就要进行试验，筛选出地鳖虫喜欢吃的食物和人工配合的饲料，这样才能使地鳖虫吃得多、吃得好，达到生长快、产卵多的目的，提高饲料的利用率，降低饲料成本。地鳖虫若虫和成虫的食性基本相同，只是取食的饲料颗粒大小及其数量多少不同而已。

地鳖虫有自相残食的不良恶习，在生活条件恶劣时，如饲养密度过大、饲料缺乏等情况下，就会发生大虫吃小虫、壮虫吃弱虫、虫吃卵等恶习。所以，人工饲养时要加强饲养管理，为地鳖虫提供良好的生活条件，避免发生自相残食，减少不必要的损失。

7. 繁殖特性

地鳖虫由卵开始到成虫性成熟生殖第一个卵鞘为止，这一生长发育过程称为一个世代。在一般情况下，其完成一个世代需要 2～4 年(金边地鳖虫完成一个世代约需 1 年的时间)。因此，不同种类或是同一种类，其生活环境及营养的不均而有所不同。环境适宜，营养全面均衡，其完成一个世代所需要时间就短，反之则长。

雌成虫一个世代进行一次交配，交配后约 1 周开始产第一粒卵鞘，每年从 4～11 月份中旬为产卵期。地鳖虫产卵鞘，雌虫在产卵时，卵鞘并不会一下全部排出，而是一点一点地慢慢排出，这样在雌虫尾部就形成一个比较明显的“拖卵期”。“拖卵期”的长短与温度有关，当温度在 30℃以上时，拖卵期则在 2～10 小时，当温度 24℃以下时，拖卵期需要 1 周左右。地鳖雌虫的产卵间隔随环境气温的变化有所不同，若温度在32℃左右，3～7天就产1个卵鞘，18～28℃所产卵鞘的间隔10～25天。地鳖虫的卵鞘一般多产在饲养土表面，在内部较少。

每个卵鞘重约2克，一个世代能产15～20粒卵鞘，连续产5个多月即死亡。每粒卵鞘内含有15～20个幼虫(不同种类及生活环境不同的地鳖虫其卵块内的幼虫数也不同)，1只雌成虫1年可繁殖幼虫200～400只。

雌成虫的年龄、营养的全面与否都影响卵鞘的大小、形状及卵粒的数量。营养较全面、均衡的情况下，雌成虫初产卵时，其卵鞘大；到中期所产的卵鞘稍小；进入老龄期所产的卵鞘明显变小，其卵鞘内的卵粒由初产时的15～20粒到后期的8粒左右。雌虫也随着产卵数量的增加，其摄食量与次数减少，体色变暗，体重减轻，胸足不灵活或残缺，潜入的土层也较浅，最后慢慢老死。

地鳖虫卵孵化时间的长短与环境温度和湿度有着密切的关系，自然条件下，不同地区其孵化的时间也有所不同。南方较早，在6～7月份开始孵化；北方稍晚，在7～9月份中旬开始孵化。当外界温度在30～32℃时，其孵化期为30天左右，温度在25～30℃时，其孵化期为45～60天。通常，9月初至入眠前产的卵鞘则要至第二年的孵化期才能孵化。

8. 蜕皮特性

地鳖虫的蜕皮是受体内激素如脑激素和蜕皮激素的共同作用下才会发生的，到了成熟期因为虫体内不能产生蜕皮激素，所以成虫也就不再蜕皮了。

地鳖虫蜕皮时，先寻找到一处安静地方，然后其胸前3对足伸展开，且肢爪抓紧物体后，便开始不食不动，做蜕皮前的准备。经过3～5小时后，虫体开始蜕皮，蜕皮时虫体不断伸缩，使腹部第一节的节间膜拉长变宽呈白色。然后，第二节间膜伸长，胸部第二节背缝裂开，逐渐延伸到第三节背缝也开裂。最后，第一胸节背线缝开裂，头部先蜕出，接着腹、尾依次蜕出。皮完全蜕出后4～5小时不吃不动，原地休整，其颜色也随着时间的延长由乳白色慢慢变为蜕皮前的颜色。其蜕皮时间的快慢与环境泥土的湿度有很大关系，湿度大，蜕皮则快，需要5～8小时即可；湿度小，蜕皮则慢，需要24～48小时。

在生产实践过程中，人们就以地鳖虫的蜕皮次数来划分虫龄，刚孵化出的幼虫为1龄若虫，每蜕皮1次增加1龄。1龄若虫生活10天左右便蜕皮1次，随着虫龄增加，虫体增大，因而蜕皮日龄也逐渐延长，一般16～28天蜕皮1次。地鳖虫的幼虫期雌雄一样，雄虫在蜕皮第7～9次时，雌虫在蜕皮10～11次后才能发育为成虫。

第三节 地鳖虫对环境的要求

地鳖虫的生命活动除了需要摄取食物外，还需要适宜的温度和湿度，因为温度和湿度与地鳖虫的生长繁殖息息相关，所以人工饲养地鳖虫时提供适宜的温度和湿度是一个重要的环节。

1. 温度

地鳖虫是变温动物，体温几乎同于饲养环境的温度，身体内的新陈代谢速率在很大程度上受外界环境的温度所支配，所以温度与地鳖虫的生长发育、摄食、繁殖关系极大。

一般情况下，地鳖虫正常活动的温度为15～35℃，最适生长发育的温度为25～32℃。每年当土壤温度达到10℃时，多数都出来活动，但不能觅食和生长发育；当温度达到15℃时，才能觅食、正常活动和生长发育，但新陈代谢慢，生长发育缓慢，生活周期延长，当温度为10℃以下时，地鳖虫的体温也随之降低，此时体内的新陈代谢的速率大为下降，为了渡过低温难关，地鳖虫则进入冬眠，潜伏在土壤中不活动。

试验证明，在－30℃的环境中，虽然虫体已经冻僵，但经过80天后温度回升到7℃时，仍能解冻苏醒过来，并逐渐活动、觅食。随着温度的升高，地鳖虫的新陈代谢越旺盛，生长发育也加快，并且可以缩短生活周期。但并不是温度越高越好，当温度上升到35℃之后，地鳖虫感到不安而四处走动，摄食减少，因而生长速度减慢，产卵量大大减少。当温度升到37℃之后，体内水分蒸发加大，容易造成脱水而干枯死亡。但是，最适温度还随着地鳖虫的虫期和虫龄的不同而有所差别。一般来说，成虫的最适温度略高于若虫，老龄若虫的最适温度又略高于中龄若虫。

温度的骤然升高或降低，常使地鳖虫对高温或低温的适应范围缩小，过高或过低温度的持续时间越长，对地鳖虫的伤害就越大。

在自然条件下地鳖虫每年能生长发育和繁殖的适宜温度只有4个月左右。因此，在人工饲养地鳖虫过程中，特别是北方地区寒冷时间较长，必须采取自动控温技术，满足其常年连续生长发育的需要，提高养殖的经济效益；中原地区冬季不甚寒冷，大批饲养时冬季可以在室外越冬，必须在饲养池面上盖锯末、盖草，或在地面上盖塑料薄膜保温。

2. 湿度

地鳖虫的生长发育和一系列的生命活动都靠体内水分来维持，体内水分不足或完全缺乏，其生长、发育都要受到抑制，甚至死亡。

地鳖虫从生活环境中取得水分的方式主要有3种：一是从食物中获得；二是由表皮吸收大气中的水分，以及虫体所接触到的物体及土壤中的水分；三是利用体内物质转化获得的水分。除此之外，地鳖虫体表皮中的蜡质层也起到保护水分蒸发的作用。地鳖虫的体形扁平，水分的挥发量相对较高，但是它们生活环境中的地表和土壤又为其提供了增加体内水分的机会。因此，在人工饲养条件下，饲养土（池土）的绝对含水量应为15%～20%，空气湿度保持在70%～80%，才能使地鳖虫正常生活和繁衍后代。如果低于这个湿度，地鳖虫不但不能从外界吸收水分，反而会通过排粪、尿以及呼吸排出体内水分，使体内缺水，造成生命活动受阻，甚至死亡。但是湿度过高，饲养土容易板结，而且病菌、害虫容易在饲养土中滋生繁殖，这不仅不利于地鳖虫的生长，还容易受害虫、病菌侵袭而患病死亡。所以，在人工饲养时，既要做好环境及饲养土的保湿工作，又要注意保持在适宜的湿度范围内。生产中要注意幼虫的环境湿度宜偏低些，成虫偏高些，产卵成虫的饲养土湿度也要高些，这样既能增加成虫的产卵率，又能使卵鞘顺利孵化，幼虫快速生长发育。

3. 光照

地鳖虫虽然属于喜阴暗、惧强光的昆虫，但光对其生物学习性有一定的影响。地鳖虫的生活主要与自然光的周期性变化有关，如日照时间长，温度较高，昆虫的发育周期短；日照时间短，温度偏低，则发育周期长。虽然光可影响地鳖虫的各虫态的发育速度、繁殖率及其寿命的长短，但不如其他昆虫明显。

光照主要影响地鳖虫的活动和行为，对它们的生活周期起到协调作用，更为突出的是对它们的活动具有明显的信号作用，如天亮后地鳖虫则不活动或少活动，日落后则出来觅食，寻找配偶等。

在人工饲养过程中，适宜的弱光反而有利于地鳖虫的生命活动，因此，室内可装上红灯泡照明，既方便饲养员进入室内管理，又有助于地鳖虫生长发育，繁殖后代，可以提高单位面积的产量。但光照时间和亮度不要经常更换，当地鳖虫在一定光照亮度下的生活规律确定后，就有了自己的活动时间表，即“生物钟”，不要随意打乱其形成的生活规律。

4. 饲养土

饲养土主要由固体颗粒组成，但其中还包含有液体的水分和空气。因此，饲养土中的温度、湿度、通气性能、机械结构和化学成分都与地鳖虫的生活、生长发育有着密切的关系。

(1)土壤温度：地鳖虫在土壤中的活动，时常随着适温层的变动而上下迁移，即使在土表的活动时间也受到土壤温度的限制，因此在人工饲养条件下，饲养土的选配就显得格外重要了。除此之外，饲养环境中的小气候也会影响土温的变动，特别是冬、春季节，更要注意土壤温度的改变，否则会使世代或各虫态的发育受到影响。

(2)土壤湿度：土壤中的湿度，除近土表层外，一般情况下总是达到饱和状态，因此，在土壤中生活的地鳖虫，很少因土壤湿度过低而造成死亡，况且，除卵期外的各虫态可依靠其活动迁移到湿度最适宜的土层来保持体内所需水分。

另外，土壤的质地不同，即使在临近的环境中含水量也不尽相同。一般情况下，沙土的含水量为10%～20%，壤土为15%～18%，黏土为18%～20%。因而在饲养地鳖虫时，选择好渗透和挥发性适宜的土壤，更便于调节所需的土壤湿度。

(3)土壤酸碱度：地鳖虫能适应的酸碱度(pH)为7～8。饲养地鳖虫时所用土壤要经常测试，最初配制的适宜地鳖虫生活的土壤，经过一定时间的食物添加、排泄物的堆积、水分的增补和蒸发，土壤中酸碱度会有所改变。如不重新配制新饲养土，则会造成地鳖虫的生长发育缓慢、生活不稳定，甚至死亡。

5. 空气

地鳖虫养殖同样离不开新鲜的空气，饲养室内保持空气新鲜有利于地鳖虫的生长发育，减少疾病发生。

6. 天敌

地鳖虫的天敌包括鼠、猫、黄鼠狼、鸡、鸭、蟾蜍、蛇、蜘蛛、蜈蚣等动物，这些动物取食地鳖虫若虫、成虫和卵鞘，因此，在日常生产中要注意防除。

7. 其他

(1)地鳖虫饲养室周围不要有大的声响，若有震动会使它不得安宁。

(2)地鳖虫怕别的气味，进入饲养室的工作人员尽可能不用风油精、蚊香等，因这些气味可引起地鳖虫的惊动，影响它吃食。

(3)要严禁各类有害农药进入饲养室或青饲料中。

第四节　人工养殖地鳖虫的前景

人工养殖地鳖虫经历了一个缓慢而又曲折的发展过程。

改革开放之前，有野生地鳖虫分布的地区，有些农民把捕捉的野生地鳖虫进行零星养殖，由于不了解地鳖虫的生活习性，多数养殖者没有养殖成功，更谈不上经济收入了。

改革开放以后，在国家提倡调整农业产业结构、中药材市场的不断放开，一些捕捉野生地鳖虫的农民开始自发地进行地鳖虫人工养殖。随着对地鳖虫的不断深入了解，养殖经验得到了积累，养殖技术也得到了完善，能养出一部分商品地鳖虫，也取得了部分经济效益。也就是在这个发展过程中，一些人把捕捉到的野生地鳖虫及采集到的地鳖虫卵鞘，作为“种苗”高价推销给其他养殖者，由于没有技术支持，大多数没有养殖成功，只能以亏本而告终，使养殖地鳖虫在养殖户心中留下了“骗人”的伤痕。

进入21世纪以来，由于国家的重视，相关科研单位的投入，科技工作者在总结农民自发性养殖经验的基础上，结合地鳖虫的生物学特性，进行了深入的研究，对养殖技术进行了理论化、系统化的总结，从而推动了地鳖虫养殖事业的向前健康发展。

1. 养殖优势

(1)饲养简单易管理：养殖地鳖虫不需要多大的投资，属本小、利大，见效快，省时，省力的致富的项目。一般当年引种当年养成当年见效收益，而且没有风险性，比养鸡、养猪都合算；养殖地鳖虫养殖设备简单，利用空闲房屋、庭院场地、地下室、窑洞、大棚等均可养殖。室内可建池饲养，或缸养、箱养、盆养、塑料桶养等；室外利用房前屋后、荒山、荒坡围池饲养。另外，还可直接选择有水域的孤岛进行饲养。

(2)适应性强，劳动强度低：地鳖虫的适应性很强，我国南、北方均可养殖，不受地理条件的限制。

养殖地鳖虫工作量不是很大，一个中等劳力一般能管理300～500平方米。除拣雄虫及筛卵时劳动量较大外，其他工作一天不超过4小时，而且工作一般为傍晚或晚上，其余时间还可以从事其他工作。

(3)食量少、食物广泛：养殖地鳖虫的饲料普遍，容易获得和配比。

(4)卫生：洁净卫生，完全无毒，无臭味，不污染环境，符合可持续发展的要求。

(5)价格比较稳定：养殖地鳖虫和养殖鸡、猪不同的就是，如果产品价格不合适，成品还可以存放，一般晒干的成品可以存放2年。

2. 经济价值

(1)药用价值：据有关中医药专家介绍，地鳖虫是一味常用的基础中药材，其药用价值高，应用范围广，最早从汉代的《神农本草经》到现代的《中华人民共和国药典》中均有记载。据《本草纲目》记载，地鳖虫味咸、性寒、有微毒，具有祛瘀止血、消肿止痛、通络理伤、接筋续骨等功效，主治关节炎、腰腿痛、跌打损伤、闭经等症。

现代医学研究已证明，地鳖虫至少含有17种氨基酸，以谷氨酸含量最高，人体必需氨基酸含量较为丰富，约占氨基酸总量的30%以上；含有28种微量元素，含有17.6%的脂肪酸，主要为不饱和脂肪酸；还含有尿嘧啶、尿囊素、生物碱等。临床用于治疗冠心病、高血压、风湿筋骨痛等疾病，对白血病、急性乙型肝炎、脑梗死、恶性肿瘤等也有很高的治疗效果。与地鳖虫配伍的中成药有跌打丸、治伤散、七厘散、消肿膏、人参鳖甲丸、追风丸、除伤消、通心络胶囊、脑塞通、药痛片、药痛宁、跌打镇痛膏等 200 多种。地鳖虫除药厂大量需求外，药材市场、中医院、药店等配方药也有较大需求量。

(2)食用价值：经科学测试，地鳖虫含有优质蛋白质 50% 左右，人体所必需的 8 种氨基酸和维生素 A、维生素 C、维生素 D、维生素 K 等的含量也很丰富，而且还含有多种对人体有益的铁、锌和锰等微量元素，是一种高营养食品。

近年来，随着食用昆虫热的兴起，经过脱皮的地鳖虫加工后有很高的食用价值，已成为各大酒店、饭店的高档名菜，有"油炸地鳖虫"、"麻辣地鳖虫"、"地鳖虫脆皮"、"火烧土王八"、"银鳖爬雪山"等。尤其是刚蜕皮的地鳖虫，体色白嫩，油炸后既酥又脆，口感甚佳，许多人食过后久久不忘。

目前，市场上已开发出数十种保健及美容产品，如"中华地鳖虫胶囊"、"中华地鳖酒"对肾虚引起的腰腿痛有独特疗效，可提高人体免疫力、增强抗病能力，尤其是地鳖虫美容液，因有显著的消除皱纹功能，投放市场后反响很好。

(3)优质活饲料：近年来，我国特别经济动物养殖异军突起，发展迅猛，急需优质活饲料，地鳖虫为其中之一。养殖户的经验证明，用地鳖虫为活饲料养殖全蝎、蜈蚣等特种动物，具有繁殖快、少得病、效益好等优点，所以很多养殖户多用地鳖虫为活饲料，每年消耗大量活地鳖虫。

3. 市场拉动，货源紧缺

据统计，目前地鳖虫供应量仅能达到需求量的20%，干品及鲜品的价格一路上扬。近几年来，地鳖虫的入药量连年猛增，各大药材市场均出现了供不应求的局面。在广东等地年需鲜活地鳖虫100万千克以上，加上韩国、日本等国近年来也不断地从我国大批购进地鳖虫干品，使原本就比较紧张的地鳖虫市场更加紧俏。

4. 资源濒临绝迹

从20世纪90年代起，我国野生地鳖虫产量呈逐年下滑之势，导致市场缺口越来越大，供需矛盾日趋尖锐。据业内资深人士估算，目前国内地鳖虫缺口在80%以上，如不及时采取措施，供不应求的局面短期内得不到缓解。因此，保护野生地鳖虫资源，大力开发人工养殖，加大科技投入，发展优质药食两用品种，形成规模化、产业化，满足市场需求，已迫在眉睫。

5. 国家大力扶持农业，鼓励发展特色农业

特种养殖业是国家农业战略调整的核心组成部分，而地鳖虫作为特种养殖业的常规项目，有“市场稳定，操作简便，投资可大可小，劳动强度低，不污染环境，占地面积小，饲料遍地可寻，业余饲养”等特点，非常适合广大城乡居民养殖。

第五节　提高地鳖虫养殖成功率的措施

1. 资金准备

有一定的资金或资金来源，这是任何一个项目的前提，否则就应慎重（资金的多少和养殖的规模呈正比）。

地鳖虫养殖场的成本，包括引种费、饲料费、员工工资、医疗费、燃料费、固定资产折旧维修费、杂费等。

(1)引种费:指引进种虫、卵鞘及培育的费用。

(2)饲料费:饲养过程中耗用的自产和外购的混合饲料及各种饲料原料。若是购入的则按买价加运费计算,自产饲料一般按生产成本(含种植成本和加工成本)进行计算。

(3)员工工资:从事养殖地鳖虫的生产管理劳动,包括饲养、防疫、消毒、购物运输等支付的资金等。

(4)医疗费:指用于地鳖虫的生物制剂、消毒剂和专家咨询服务费等。

(5)燃料费:指饲料加工、地鳖虫养殖室供气保暖、排风等耗用燃料和电力费用,这些费用应按实际支出的数额计算。

(6)固定资产折旧维修费:指地鳖虫养殖池的基本折旧费及维修费。如租用房屋或场地,则应加上租金。

(7)杂费:包括低值易耗品的费用、通信费、交通费及搬运费等。

2. 人员准备

一个人可以管理 300～500 平方米,每天只需要喂 1 次,一般都是在下午或着晚上喂。

3. 做好长期养殖的准备

地鳖虫养殖业的产品和所有产品的价格一样,有高的时候也有低的时候,养殖地鳖虫不管是种卵还是养殖池都是一次性投资,所以,不能价格一高就上,价格一低就不干了,只有立足于长远才能得到更高的回报。

4. 作好技术准备

养殖地鳖虫也需要一定的技术,特别是卵鞘孵化,因此,新手养殖者需要购买相关书籍、参加培训和参观养殖场,了解并掌握地鳖虫的生活习性及活动规律，以便在养殖过程中，出现问题得到及时的解决。

引种前要全面、多方位了解地鳖虫种货源、市场行情，掌握选择地鳖虫的基本知识，目前在地鳖虫项目上有炒、倒、骗的现象，因此要注意防骗。

5. 养殖适销品种

地鳖虫的品种较多，不同的品种其药用成分及药用价值也不尽相同，不同的地区对产品的需求也有较大的差异。如金边地鳖虫畅销我国港、澳地区及东南亚各国，其他品种则不畅销，而中华地鳖虫在我国除粤、港、澳等地方外则是畅销品种。因此，对适销品种的调查，对产品结构进行调整，以满足不同市场的需求也很有价值。

6. 调查好销售渠道

地鳖虫的销售渠道有多种多样，如销售给中药材市场、中医院、药厂、特种动物养殖户等，养殖者要先了解销售途径，防止生产上的盲目性，造成“一哄而起”的局面，最好和有收购、加工能力的单位签订销售合同，进行有计划的生产。

7. 以规模求效益，以质量求生存

地鳖虫养殖，绝对不要寄希望于小打小闹，只有扩大饲养规模，立足于长远效益，同时提高自己的养殖技术及产品质量，才能立于不败之地。

8. 采用适宜的养殖方式

地鳖虫养殖方式有多种，要获得高产宜采用层叠式饲养，即在室内砌成多层饲养池，既可充分利用室内空间，增加养殖量，冬天还可增加室温，有利于地鳖虫生长发育。

9. 做好成本核算

养殖地鳖虫的目的是为了获取经济效益，因此要对养殖的成本、销售价格等进行详细的核算，然后再确定养殖的数量和规模。

成本核算的好坏是衡量一个地鳖虫养殖场经营管理好坏的重要标志。核算包括产品成本和劳动生产率的高低，以及由此所产生的经济效益的大小。也就是说，一个经营管理好的地鳖虫场必然收入多，利润大。因此，地鳖虫场和养殖专业户必须努力降低成本，搞好产品成本核算计划。

产品的成本核算是由生产产品需要支出的成本和产品所得的价值构成的。产品的收入资本大于成本费则盈利，小于成本费则亏损。养殖场的产品成本由饲料、工资、燃料、兽药、管理费、固定资产折旧费、房屋设备维修费等构成。

第二章　地鳖虫养殖场规划与建造

地鳖虫的饲养设施与饲养工具是人工饲养地鳖虫的必备条件，有简有繁，有一般性的饲养设施，有现代化的先进的饲养设施，各养殖场（户）应该根据自己拥有的条件，因地制宜、因陋就简地建造自己的饲养场、饲养池和加温饲养室等设施，以满足地鳖虫生长的需要。

第一节　场地选择与布局

地鳖虫适应条件很广泛，对场地和饲养房无过高的要求，但根据地鳖虫喜温、喜暗等生活习性，应认真选择饲养场址，选择或建造饲养房，为其生长发育创造优越的生活环境，然后进行饲养、繁殖，扩大地鳖虫种群，从而获得最佳的经济效益。

综合各地地鳖虫饲养的方式，可分为室外饲养，室内饲养和室内、室外相结合饲养 3 种方式。

室外养殖又叫野地养殖，方法简单，不容易管理，敌害多，受环境因素（光线、风、雨、雪、温度、湿度）影响大，饲养效果差，产量低，同时需要一定量的室外土地面积。

地鳖虫室内养殖除利用已有的房舍和塑料大棚进行改造做室内养殖外，新建养殖场舍都要重新选址。

1. 场地选择

饲养地鳖虫在场址选择上，一般应注意以下几个方面：

首先，要想养好地鳖虫必须选择好的饲养场所，饲养场所应选择背风向阳、远离市区、远离村庄、远离排放有害气体的地方。场地应是没有办过工厂、畜禽饲养场，且地势比较高、排水良好的地方；低洼地、排水性不好、长期泥泞的地方不能做地鳖虫的饲养场地。如果是恒温饲养就必须在室内饲养，大规模饲养也可使用立体饲养，但要根据饲养规模合理建造。

其次，要考虑建场的环境条件，山区要选择梯田或相对平坦的山场，周围林木要离开饲养场围墙 10 米以外。平原地区除选择地势高燥的地形外，还要考虑周围有无养鸡场、养猪场、屠宰场、石灰厂等。

场地的土质应以壤土和沙壤土为好，以满足地鳖虫对温度、湿度的要求。土壤的 pH 值以微酸性至微碱性为好，中性最好，即以 pH 值 7～8 为宜。平原地区场地不能低洼且排水性能要良好，场地周围不能有积水，以免暴雨骤降时淹没饲养池，造成严重损失。

场地的形状与大小可以灵活掌握，不拘一格。如果场地小，以后的发展会受到一定限制；场地选得大，则有一定的发展余地，可以得心应手地安排饲养场舍的建设，达到比较理想的规划状态。

第三，场地还要求未受到农药、化肥等有害物质污染。水源要清洁，一般深井水即可。同时还要特别注意要避开地鳖虫的天敌，如蚂蚁、老鼠、蛇等，以免敌害猖獗影响饲养地鳖虫的经济效益。

另外，为便于管理，应有可靠的电源供应，同时周围无噪声干扰。由于地鳖虫养殖具有长效性的特点，因而选择的场地条件应具有稳定性。

2. 规划布局

场址选择好以后，要进行场地的平整与划区布置，使其能达到建场标准。

新建养殖场，首先要将场地垫平，清除小树和杂草，建起围墙后，即可进行场地划区。场地划区的目的是将大场地划分成小场地，便于按小区营建排水渠道，以利排水及管理，同时还便于在小区内进行规范化的修建饲养房、棚。

小区的划分应以场地的大小、形状来定，尽量布置的对称、形状规范。大的场地可按 10 米×5 米，小的场地可按 10 米×3 米或 6 米×5 米、5 米×5 米的规格安排。对不规则的场地可以规划取齐，在规划外的地方建造配套设施，也可以再划分成特别小区，以节约用地，尽量保持最大限度的规模饲养。

方形的场地，布局简单、容易，且整齐美观，可以规划出矩形小区依次排列；场地面积大，可以分几排排列，排与排之间留有道路，路旁都要设置排水沟，道路宽度 1 米左右。而排内小区可以直接相连。

三角形或是梯形的场地，则设计相对复杂，可采用“品”字形方式设计小区，即每排小区各占一角，呈对称鼎立形式。这种规划形式，便于配套设施的合理布局，有利饲养管理。场地若为不规则形状，小区规划就显得更复杂，更难于规范化，很可能给道路修建、排水渠道的开挖等带来困难，也可能给以后的饲养管理带来不便。遇到这样的场地，如果以地形设计小区，尽量做到整齐、简明、集中、合理，也能收到良好效果。

第二节　地鳖虫的养殖方式

地鳖虫养殖按养殖器具划分有盆养、箱养、缸养、池养等；按利用空间划分可分为平面养殖和立体养殖；按房屋类别划分可分为室外养殖、室内养殖和塑料大棚养殖；按供热方式划分有常温养殖、加温养殖；按养殖种类划分可分为单纯养殖和混合养殖等。这些都是我国劳动人民根据地鳖虫的生物学特性创造出来，并在生产实践中应用的方式，它们都各有特点，所以必须根据自己的实际情况来加以选择。不论哪种养殖方式，基本原则都是模拟地鳖虫的自然生活环境，为地鳖虫生长创造舒适的生活环境。同时要满足经济实用、通风性能好、建筑结构合理，便于观察和投喂、捕捉方便的原则。

这些养殖方式，在生产中几乎都不是单独应用的，而是综合 2 种或多种方法一起使用。目前，比较科学、先进也是广为推广的模式是立体恒温养殖模式。

1. 按养殖器具划分养殖方式

养殖地鳖虫按养殖器具划分主要有盆养法、箱养法、缸养法、池养法。

(1)盆养法：盆养(图 2-1)可选用内壁光滑的塑料盆，高度 15 厘米以上，直径 45～60 厘米以上，内置饲养土便可直接饲养，适合小规模饲养。种卵也多用盆孵化，孵化出的幼虫可按大小分盆饲养。

盆养投资小，操作方便，移动灵活，为了节省养殖面积常采用立体架养法。缺点是温、湿度难控制，产出效益低。

(2)箱养法：箱养可利用大小不等的包装木箱或购买的特

图 2-1 盆养法

制塑料箱，适用于小规模饲养户。

用木箱养殖时应在木箱内壁上部 20 厘米处嵌一周玻璃环带或在木箱内壁衬一层塑料薄膜，防止地鳖虫爬出逃跑（如使用塑料箱饲养地鳖虫，内壁可不必嵌玻璃环带或衬塑料薄膜）。由于塑料箱不能渗水，应在箱底先铺一层 3 厘米左右的鹅卵石，鹅卵石上铺一层壤土，摊平压实，然后再放 15 厘米左右的饲养土，防止饲养土湿度过大。

饲养 1～3 龄的幼龄若虫可以使用特制饲养盒，盒长 40～50 厘米，宽 25～30 厘米，高 20～25 厘米，内壁嵌一宽 10 厘米左右的防逃玻璃环带或塑料布，盒底铺供地鳖虫栖息的饲养土。饲养盒应有盖（盖上应有孔）或盖一层纱网，以防止幼龄若虫逃跑。

箱养法设备制作简单，布置方便，灵活性大，节省空间，而且可以搬动转移。缺点是饲养土难以保持稳定的湿度，受环境影响大，很难维持地鳖虫所需最适宜生态环境。

(3)缸养法：缸养一般适用于不加温或稍加温的养殖形式，适宜初次试养或小规模饲养户使用。

缸养时可选择薄壁、浅釉、内壁光滑的陶缸，缸口直径为50～100厘米，缸深为60～100厘米，一半或部分埋入地下。

养殖时将缸洗净消毒，缸底先铺6～9厘米厚的鹅卵石，其上铺40～50厘米左右的壤土，将土夯平，中间竖立一直径约5厘米能通水的长竹筒或塑料管，筒底或管底可垫一块砖或瓦片，筒或管长要高出饲养土10厘米左右，此竹筒或塑料管供加水调节饲养土湿度用。湿土上面再放20厘米左右厚的饲养土，投放种地鳖后将缸口用铁纱网或尼龙纱网系牢，以防敌害入侵及地鳖虫逃走。缸外壁要涂一个凡士林或黄油的环带，防止蚂蚁进入饲养缸内。

缸养法其通风透气差，底部易于积水，容易滋生霉菌，应特别注意控制饲养土的湿度，并适时更换饲养土。

(4)池(坑)养法：池(坑)养适用于较大规模的饲养地鳖虫，优点是地鳖虫生长良好，管理方便，投资少。缺点是周期长，单位面积利用率低。

室内饲养池要选择地势比较高又比较阴湿的饲养房做饲养室；室外饲养要选择坐北向南，有荫蔽处的通风凉爽处。池的大小规格可根据养虫数量多少和养殖场地大小而定。

在室内建饲养池有2种形式，一是在地面建池，只建一层(可分为地上式或地下式)；二是建立体池，可以充分利用室内空间,加温饲养的条件下可以节约燃料,取得很好的经济效益。

①室内单层池:它可分为地上式或地下式2种方式,2种方式都是用红砖沿窗建成单行或两行的正方形池或长方形池,两行池的中间留1米走道。但地下式池养法,建坑深度多为1米,面积大小视养殖地鳖虫的多少而定。

②室内多层立体池:这种饲养设施是在室内单层饲养池的基础上发展起来的,适于大规模、商品化生产使用。特别是对房屋不足而又想大规模饲养的场家和个人更为必要。它可以充分利用室内空间,既能扩大饲养面积,又能节省投资。更重要的是这种立体饲养架保温性能好,虫体散发的热不容易散失。一般这种池的温度要比地面池高4～6℃。这种立体式饲养架上层池温与低层池温有一定差异,需要高一些温度虫龄和需要低一些温度虫龄的地鳖虫都可以在这一个饲养室内饲养,非常方便,减少了按虫龄分室饲养的麻烦。

室内多层立体池养殖可用三角铁(图2-2)、木条制成多层式支架或用水泥预制板建成立体饲养架(图2-3)。

2. 按房屋类别划分养殖方式

(1)室内养殖:室内饲养,小规模饲养可选择缸养、箱养、塑料盆养、陶缸养殖等方法,就地取材,减少先期投入。比较规范一些的、投资相对多一些的就选择室内建饲养池。

(2)室外养殖:室外饲养多采用半地下式饲养池。利用半地下式饲养池温度比较稳定,可以减少饲养土中水分的蒸发,保持地鳖虫稳定的生活环境,室外半地下式饲养池适合大规模饲养。

(3)大棚养殖:大棚养殖地鳖虫,因为易于采光升温,使棚

图 2-2 角铁饲养架

内保持比较高的温度，是一种高效而廉价的养殖新方法。

建造养殖大棚要选择地面平坦、阳光充足的地方，建一面坡式坐北朝南塑料日光温室，北墙高度为 2.5 米，前墙高 1.5 米，棚宽 4～5 米。墙壁用泥土或者水泥砖垒均可，棚内地面用水泥抹平，顶膜最好使用双层聚氯乙烯移植膜覆盖，便于提高棚温，延长薄膜使用寿命。用压膜线把薄膜固定好，在山墙上安装小门，另一山墙留窗户。

大棚内的养殖池，可建为单层的或多层的。单层的饲养池管理操作方便，大棚利用率高，但收益低。多层的池可用三角铁、木条制成多层式支架或用水泥建成立体饲养架，层与层之间的间隔为 40 厘米，中间留有过道。这种多层架盆式养殖方法，管理方便，受热均匀，可增加饲养量，增加产量，经济效益高。

图 2-3　5 层水泥预制板立体饲养架

3. 按供热划分养殖方式

(1)常温养殖：常温养殖即完全依赖自然界的温度变化来进行地鳖虫养殖。常温养殖具有技术简单，管理方便，投资少，无需建造暖房及安装取暖设备。因此，常温养殖是一种较常采用的养殖方式。

(2)加温养殖：地鳖虫有冬眠的习性，且长达 5 个月左右，因此，其生长发育在自然环境条件下完成一个世代需要 2～4 年。如果人工控制温度和湿度，并改善营养条件，打破冬眠，加速其生长及繁殖，可以缩短其完成一个世代所需要时间，把生长周期从 2～4 年缩短到 10～11 个月，这样可以提高产量，降低成本，提高养殖经济效益。

4. 按养殖种类划分养殖方式

(1)单种养殖:单种养殖就是只养殖地鳖虫。

(2)混合养殖:混合养殖就是把 2 种或更多种动物养在一起。下面介绍 2 种常见的混养方式。

①地鳖虫与蟑螂混养(图 2-4):在我国有将蟑螂入药,治疗跌打损伤的记载。近年来,科学工作者发现蟑螂体内的抗体对癌细胞有显著的杀灭效果,其提取物被现代医学机构推广应用于各类癌症的治疗。

图 2-4 地鳖虫与蟑螂混养

地鳖虫与蟑螂混养,不但没有太大的冲突,而且还可产生互补的优点。蟑螂是不入土的,白天它只是钻在房内墙壁缝隙内,夜晚才出来觅食。而地鳖虫白天入土,傍晚出来活动觅食,在饲养地鳖虫的过程中,会有地鳖虫当天吃不完的饲料,这些饲料对于蟑螂是极好的食物,并且地鳖虫饲养间内的光线、温度、湿度对于蟑螂来说也极其适宜。

有养殖户在生产实践中发现，在饲料来源不足时，成年蟑螂也有捕食地鳖虫幼虫的现象。解决方法：一是白天控制饲养室内有一定光线，使蟑螂不能出来觅食；二是在饲喂饲料时，在地鳖虫坑池的隔档上也放上一些饲料，使蟑螂不至于饥饿而捕食地鳖虫。

蟑螂的食域很广，饲养成本相当低廉。蟑螂常于夜晚18时出来活动，21～23时达高峰，至次日早晨全部藏匿，所以每天只需要17～18时饲喂1次，饲料只需放置于每层之间的平台上。饲喂量根据其吃食量的大小来定，隔3～5天扫掉剩余饲料及粪便。可在饲养平台上喷水加湿或专制水槽供蟑螂饮水。

蟑螂产的卵块为褐色，长约1厘米，宽约0.5厘米，1只雌蟑螂可产30～60个卵块，多的达90个，每个卵块内含14～16个幼虫。因为蟑螂的卵块有近50%产于缝隙内，人工无法采收，这些卵块足够用于自我繁殖发展，甚至还有多余，所以商品蟑螂采收无时不可。采收时可在饲喂完饲料后，在每一层饲料平台上放上四周光滑的盆，由于蟑螂具有多动性，一个晚上便有很多蟑螂掉在盆内，第二天只需把这些大小不一的蟑螂倒入0.8厘米的钢丝网箱中，幼小的蟑螂会从网眼中爬出，把钢丝网箱内的大蟑螂提出放入水中3～5分钟便可把蟑螂淹死，然后晾晒。如果蟑螂密度很大，也可采用吸尘器吸取成虫，但此方法容易使幼虫也被吸掉，被吸尘器吸入的幼虫蟑螂无法存活。

在温度25℃左右，蟑螂卵的孵化期为20～30天，幼虫出壳后经几次蜕皮约4～5个月化成成虫。幼虫无翅，成熟期长翅，雄虫成熟晚于雌虫。雌虫最后 1 次蜕皮约半月开始产卵。一般 10 平方米的饲养池每年可产鲜蟑螂 160～200 千克，3.8～4.2 千克的鲜蟑螂可晒制成 1 千克干品。干品在存放时一定需要整体干燥，并密封保存。

②蝎子和地鳖虫混养：地鳖虫与蝎子有共同的特性，如蜕皮，都是变温动物，对温度、湿度有正趋性，对强光有负趋性，适宜在阴暗的环境中生长，因此，地鳖虫与蝎子可以混养。值得一提的是，地鳖虫与蝎子混养，养殖者首先应分别掌握地鳖虫、蝎子的养殖技术，才能处理好它们两者之间的关系。

蝎子主食地鳖虫，地鳖虫主食麦麸；蝎子要求湿度小，地鳖虫要求湿度大，饲养池上层自然湿度小，底层自然湿度大，蝎子居上层，地鳖虫居底层。根据这些特点，建好池子后，蝎子、地鳖虫按一定比例，底层放地鳖虫母种和卵，上层放蝎种。根据它们各自的采食特点，建好池后，地鳖虫与蝎子按 1∶5 的比例投放入池（公母比例 1∶4），利用麦麸等投喂地鳖虫，蝎子自行采食地鳖虫，自行上下调节湿度，其他管理方法同单独饲养时一样。

5. 按利用空间划分养殖方式

（1）平养：如在地面建造养殖池或摆养殖箱、盆等，这种方式，空间利用率不高。

（2）立体养殖：在养殖小区内利用立体空间养殖。

第三节　养殖设施的建造

一、养殖房的建造

房舍养殖是比较常见的养殖形式，中小养殖户可利用已有的闲房或不用的厂房，或者自己新建养殖房。

1. 地理位置

无论是利用闲置房屋饲养地鳖虫，还是新建饲养房，都必须选择地势较高、背风向阳、比较安静的地方，前后有窗户或有通风换气的设备，房屋的前面不要有障碍或遮阳物。

选择闲置房屋时，不能选择存放过化肥、农药、非食用油料及化工原料的或有毒物的仓库，也不能选择这些仓库附近的闲房，因为这些房屋会长期散发有毒物质的气味，影响地鳖虫生活、生长发育和繁殖，甚至引起死亡。

2. 饲养房的建造

(1)地基：地基是指墙突入地面的部分，是墙的延续和支撑，决定墙和房舍的坚固和稳定性，主要作用是承载重量。要求基础要坚固、抗震、抗冻、耐久，应比墙宽 10～15 厘米，深度为 50 厘米左右，根据房舍的总荷重、地基的承载力、土层的冻胀程度及地下水情况确定基础的深度，基础材料多用石料、混凝土预制或砖。如地基属于黏土类，由于黏土的承重能力差，抗压性不强，加强基础处理，基础应设置得深厚一些。

(2)墙壁：墙是房舍的主要结构，对舍内的温度、湿度状况保持起重要作用(散热量占 35%～40%)。墙具有承重、隔离和保温隔热的作用。墙体要求墙体坚固、耐久、抗震、耐水、防火，结构简单，便于清扫消毒，要有良好的保温隔热性能和防潮性能。墙体材料可用砖砌或用彩钢瓦。砖砌厚度为 24 厘米，北方寒冷地区要在饲养房内周边离墙 10 厘米的地方砌一层二道墙，夹墙空隙中用锯末或干细土填充以利保温，也可采用直接在空心砖的中心加添的方法。彩钢瓦墙体厚度 10 厘米。

（3）门、窗：饲养房的正面开一门，门不宜过大，只要够 1 个人通行即可，门的四周与门框之间要做好密封；南、北两面留小窗，以利空气流通，但门窗要向外开，窗上应有窗纱，以防外界天敌侵扰，所用纱窗的纱孔不必太小，这样即可保证空气流通。研究表明，虽然地鳖虫具有趋暗性，但养殖房内如果自然光线过暗，会影响地鳖虫的生长发育，对繁殖的危害更大。

（4）换气设备：在饲养房的东、西山墙上要有通风换气设备。

（5）屋顶的式样：屋顶无特殊要求，平顶、尖顶都行，但要求屋顶防水、保温、耐用、耐火、光滑、不透气，能够承受一定重量，结构简便，造价便宜。

屋顶高度要根据是单层饲养还是立体饲养的层数决定，如立体多层饲养时每层池高度 50 厘米，5 层为 250 厘米，顶层与房顶最少距离 50 厘米，层顶整体高度则不能少于 3 米。

屋顶材料多种多样，有水泥预制屋顶、瓦屋顶、砖屋顶、石棉瓦和钢板瓦屋顶等。石棉瓦屋顶和钢板瓦屋顶内面要铺设隔热层，提高保温隔热性能。

（6）房舍的跨度：根据养殖地鳖虫的饲养规模、饲养方式决定，但要为发展留有余地。

（7）房舍内人行过道：多设在房舍的中间，宽为 1 米左右。

（8）地面：饲养室地面要求水泥混凝土夯浇结实平整，这样使建的池牢固稳定，并可防止蚂蚁等杂虫的侵入。

二、饲养设施的搭建

1. 饲养池的建造

平面池养是立体温室饲养池的前身，分为室内饲养和室外饲养 2 种方式。

（1）室内池养的建造：室内池养可分为地上式或地下式 2 种，2 种方式都可用红砖沿窗建成单行或两行的正方形或长方形池，两行的中间留 1 米走道，大量养殖可按长 1.5 米，宽 1 米，池壁高（深）0.5～0.8 米的标准建池。

无论是地上式饲养池还是地下式饲养池的池内壁都要用水泥抹平，使其光滑，以防止地鳖虫爬出。为了防止地鳖虫逃跑可用光滑无损的塑料薄膜粘贴，或在池内四周用镶一圈 15 厘米宽的玻璃片。

修建饲养池底部时，要先用红砖在池底铺一层，再在红砖上面铺一层 9～12 厘米的锯末或稻壳，然后在锯末或稻壳上面抹一层水泥或泡沫板等，防止冬季加温饲养时热量散失。

饲养前在池底铺上 5 厘米左右的沙泥土，以调节池土的湿度，然后在上面铺上湿度为 20％的饲养土 20～25 厘米，即可放养各种规格的地鳖虫。

（2）室外池养的建造：室外饲养多采用半地下式饲养池，饲养池宽度 150 厘米左右，长度可根据场地的地形和大小安排。

池底铺平夯实后，四周用砖砌出地面，北池壁总高度 130 厘米，地下部分 70 厘米，地上部分 60 厘米，南池壁总高度 100

厘米，地下部分 70 厘米，地上部分 30 厘米。池壁卧砖砌起，外面用水泥沙浆勾缝，池内壁用水泥沙浆抹成光面。

池口用水泥制成薄预制板，每个预制板长 100 厘米，宽 87.5 厘米，中间留 1 个 40 厘米见方的小方窗，小方窗四周用小木方固定铁纱网，水泥薄板的厚度为 2～3 厘米。

夏、秋季节气温较高时，池上盖水泥薄板，并通过纱网方孔观察池内的情况和调节池内空气。还应在饲养池周围种一些葡萄，搭起葡萄架，夏季遮阴，防止阳光直射使池内温度过高；冬季葡萄落叶不影响阳光射到池子上。

冬季气温低的时候，把池子的盖板拿下妥善保存，在池顶盖上塑料薄膜。因池壁北高南低而形成一个斜面，阳光能直接射入池内，提高池内的温度。春、秋季可延长地鳖虫的生长期，冬季池内温度稳定在 5～8℃，保证其安全越冬。

到冬季池子周围要培土，池顶塑料薄膜上要加盖草帘子保温，保持饲养土的温度在 5～8℃，达到地鳖虫适宜越冬温度。

2. 立体饲养架的搭建

立体饲养架可分为简易立体饲养架和水泥立体饲养架等。

(1)简易立体饲养架：在饲养房内，可用直径为 8 厘米的竹竿、角铁或钢管搭建(见图 2-1、图 2-2)，按前后深 50 厘米，高 40 厘米搭饲养架 2～4 层，根据饲养房的实际情况，搭建 3～4 排，排与排之间须用竹竿、钢管固定好，并留有足够宽度的走道，以方便操作，然后在饲养架上放好装有饲养土和地鳖虫的塑料盆即可进行饲养。

(2)水泥立体体饲养架：立体多层饲养池的层数、规格大小，均应按房舍条件来定。

立体多层饲养池主要优点是充分利用室内空间，饲养量大。缺点主要是室内空气新鲜度差，特别是冬季加温饲养的情况下，由于保温通风时间少更为明显。因此，若采用立体多层饲养池每层池的高度不低于 50 厘米，池门空出的高度不低于 20 厘米；室温升到 37℃左右时，应采取通风降温的措施；在建造立体多层饲养池时，就应安装通风换气设备。

立体多层饲养架建造应就地取材，形状和大小要按照饲养室的条件设计。一般长度 90～120 厘米，宽度 80 厘米，总高度 300 厘米，每层高度 50 厘米（过高影响室内面积的利用率，过低在饲养时不便于观察、操作等），池壁高 30 厘米，池壁上部空 20 厘米，这种饲养架式立体池一般 4～5 层。

立体多层饲养架可建成单排或两排的，走道以 80～100 厘米为宜。

立体多层饲养架后面多靠墙，与墙结合要紧密不能有缝隙。饲养架两侧用砖砌成，使用平砖，侧墙厚 12 厘米；底板、顶板可用薄水泥预制板，厚度 3～4 厘米（里面有钢筋），也可以用质量很好的石棉瓦。正面池壁可用砖砌，可砌立砖并用水泥沙浆勾缝，每层池壁 36 厘米，也可以用预制水泥板堵起来。

池门有 2 种，一种为开放式的，不用门（见图 2-3），但池内壁用 2 厘米宽的玻璃条或 5 厘米宽的塑料薄膜做成防逃带。另一种是在走道侧用小方木做一木框，然后在木框上装上铁纱窗，纱窗是活动的，可以随时启开。

三、饲养土的配制

饲养土是地鳖虫饲养中不可缺少的重要物质。地鳖虫有昼伏夜出等生活习性，它们白天潜伏栖息在土中，夜晚出来觅食、交配。在一天中，地鳖虫生活在地上的时间是晚上 7 点开始，晚 8～11 点为活动高峰，早上 6 点以后潜伏土中。在一天的 24 小时中，将近一半时间在土中生活。在一年时间里，地鳖虫冬眠时间，长江以南为 4～5 个月，黄河以北为 5～6 个月，加上白天在土中的潜伏时间，一年有一多半时间是在土中度过的。地鳖虫一生不仅在土中活动，而且从土中摄取部分营养物质、维生素和无机盐等。因此，饲养土的好坏直接关系到地鳖虫的生长发育和繁殖，所以在人工饲养时应该认真制作饲养土。

1. 地鳖虫对饲养土的要求

饲养土的好坏直接关系到地鳖虫的繁殖，而且对其生长发育也有密切关系，如饲养土选择得不适宜，会使地鳖虫得病或招致螨虫等敌害，因此在选择哪类土做饲养土，饲养土的湿度保持多大等，都是必须加以认真考虑。

(1)土质：首先饲养土要疏松，便于地鳖虫钻进爬出，坚硬土质地鳖虫难于进入潜伏生活。其次，饲养土的颗粒大小要适中，似芝麻或米粒大小为好，颗粒过大或过小均不利于地鳖虫居住。最后饲养土要富含腐殖质，可为地鳖虫提供部分营养物质。另外，饲养土的 pH 值为 7～8。

(2)湿度：饲养土除要求优良土质之外，还要求饲养土有适宜的湿度，适合地鳖虫的饲养土含水量为 15%～20%，含水量超过 25%时饲养土容易粘成团块，使地鳖虫钻入爬出困难；

而含水量低于10%时，则由于土质过干使地鳖虫体内水分蒸发消耗太多，影响生长繁殖。

测定饲养土含水量，实验室内使用高温烘箱烘干测定，但在生产实践上难于进行。因此人工饲养时，一般用以下简易检测方法检测。

①手握饲养土成团，松手即散，这样的饲养土含水量约15%。

②手握饲养土成团，触之即散，这样的饲养土含水量在17%～18%。

③手握饲养土成团，离地面5～10厘米的高度掉下，落地即散，含水量在20%左右。

在饲养过程中要注意饲养土湿度的变化，设法保持适宜的湿度。如果饲养土湿度过低时，可适当喷水提高湿度，并且多喂含水量高的青饲料；湿度过大时，可打开饲养房门窗以加强通风和水分蒸发而降低湿度。同时少喂青饲料，对降低湿度也有一定的效果。

2. 饲养土的处理

常用的饲养土要在反复耕作过的、长时间未喷洒过农药、化肥的菜园内挖取，挖取时要取土质疏松、肥沃地段的表层土，将其打碎（一般质量较好的菜园土只需用锄、棒轻敲即可敲成颗状），捡出其中的植物根茎、石块、瓦片等杂物，再用热开水浸泡过，然后放于暴烈的太阳下晒，反复翻晒2～3天，直到晒干，这样既便于贮存，又能杀灭土中可能含有的天敌卵或病原菌，晒干后即可贮存备用。

若找不到好的田园土，也可以采用配方来配制饲养土。饲养土的配制方法很多，这里介绍几种供参考。

（1）菜园土、草木灰饲养土：取肥沃、疏松、潮湿的菜园土，用热开水浸泡过、晒干后，再加草木灰或糠灰。土和灰的比例为 7∶3。刚烧的灰不能马上使用，须存放 2 周以后方可使用。

（2）菜园土、锯末饲养土：取肥沃、潮湿、疏松的菜园土，把土拍碎过 6 目筛，除去杂质，用热开水浸泡过、晒干，然后把锯末也做同样的杀菌、杀虫处理。土与锯末的比例按 3∶7 混合即成。

（3）草灰饲养土：草灰做饲养土，质地疏松、保水性好、营养丰富，且无农药、化肥等有害物质，相同饲养条件下地鳖虫若虫可提前 1.5～2 个月变为成虫，且虫体光泽好、肥大，产卵率也能提高 10％～20％。制作方法为：先将草灰粉碎、过 6 目筛，在过筛时加生石灰 1％～2％，用 0.05％的尿素调至手握成团、触之即散的湿度，然后放入锅中加热翻动，待温度上升至 80℃时把锅盖严，焖一夜，促使各种有机物分解，调至微碱性。出锅后散开，以散发气味，5 天后即可使用。

（4）煤灰饲养土：用烧过的煤灰过筛制成。取材方便，料质干净，不会发霉变质，也可增加一些锯末。煤灰与锯末的比例为 7∶3。

（5）混合饲养土：菜园土、锯末、高粱壳各 1 份配制而成或菜园土、草籽、各种豆沫、干畜粪、草木灰各 1 份配制而成。灭菌、灭虫后使用。

饲养土需要具有一定的湿度，一般的泥土都具有黏性，拌制饲养土的时候不能将水直接喷在泥土上，而应将水先喷在砻糠灰或锯末上再拌入泥土。喷水应掌握适度，拌制后的湿度以手抓能成团，一打即碎为标准。

四、其他配套设施

1. 照明设施

地鳖虫怕日光，尤其怕强光直射，喜欢昼伏夜出，白天潜伏于饲养土中，每天觅食时间在晚上7～12时之间，其中以8～11时活动达到高峰期之后活动就很少，大多回原地栖息。因此，在人工饲养过程中，室内装2种灯泡，一种是白炽灯泡，可以照明和调整光照；另一种是红色灯泡，因地鳖虫看不到红光，这样管理人员随时进入时不需要开白炽灯照明，还可以增加室内温度。光照时间和亮度不要经常更换。

2. 加温设备

由于立体养殖地鳖虫入土不深，在寒冷的冬季，地鳖虫经受不起四周架空的寒冷而冻死，因此需要加温。加温方法可因地制宜、根据各自的条件选用。

（1）电灯加温：该方法适用于南方少量饲养者冬季加温。在饲养室或饲养池内多点几个红外灯或电灯泡，利用灯泡散出的热量加温。由于地鳖虫是畏光昆虫，所以电灯泡应用铝制饮料瓶或锌铁皮等包住，不让灯光照出来，或是采用自动控温装置。

（2）电暖器加温：电暖器加热干净卫生，好操作，省工省力，自动控温，但投资较大，耗电多，加热元件寿命短。有条件的可加1个控湿仪，自动调整湿度。

（3）煤炉加温法：用普通煤炉加装管道散热，同时把废气排出室外。排气管散热较快，加温时会引起温度忽高忽低，且管道容易损坏，损坏后引起的废气泄漏易造成操作人员的煤气中毒。在冬天门窗紧闭的前提下，煤炉燃烧掉的氧气也应该设法补充。因此方法投资小，方便灵活，经济实惠，仍被部分家庭养殖户采用。

(4)火龙加温法：在饲养房内用砖砌 1～2 条地火龙。用蜂窝煤或原煤加温较为恰当。地火龙设置在地平面上，热源从下向上升，即使煤炉子灭掉数小时地火龙仍有余热。煤炉可设置在室外，也可设置在室内。在室内的煤炉上应该设盖，以防煤气泄漏。

(5)火墙加热：在室内根据地形设计一个经过室内的排烟管道，这个通道像一堵墙，里面全是空的，外边用砖砌成。墙内的烟道走向可呈"S"形，也可呈"N"形。另外，为了保证烟能顺利流通，火炉出烟门要低于火墙进烟口，火墙出烟口要高于火墙 1 米左右。以 20 平方米的塑料温棚为例，垒起一堵厚 24 厘米，高 1.35 米的火墙，若在早晚封火前烧 2 次，室温可保持在 30℃以上。火墙可用有烟煤做燃料，也可用农作物秸秆做燃料，经济方便。因而在大规模养殖地鳖虫通常采用此方法，特别是塑料大棚中采用。

(6)水暖加热：有条件的大型养殖场可用锅炉烧出蒸气用管道接入养殖房内加温。一次性投资，多年使用。锅炉烧出的热水可炮制饲料、烫虫等。

3. 投料设施

为了防止剩余饲料污染饲养土和掌握地鳖虫的采食量和操作方便等，应该采用饲料盘来盛装饲料。饲料盘采用浅的陶瓷盘或塑料盘，可以购买，也可以自己制作。自己制作时可用厚度 0.3～0.5 厘米的三合板，四周钉上梯形坡 45°、高度 0.5～0.8 厘米的小木条，防止饲料散落。也有的饲养场或饲养户把塑料薄膜或纤维袋(图 2-5)铺在饲养土上，把饲料撒在

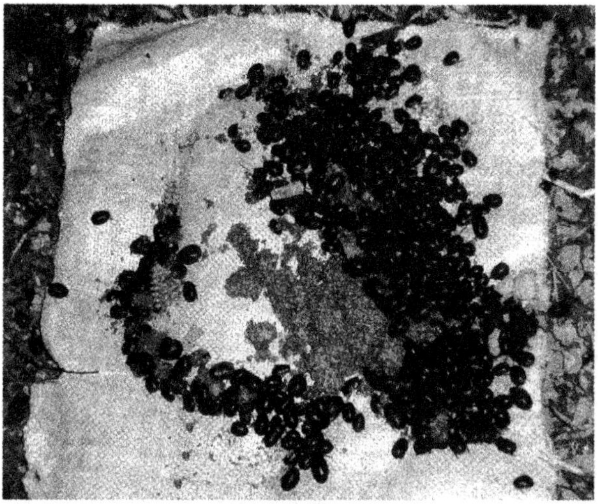

图 2-5 纤维袋饲喂

薄膜上。

饲料盘的规格按大、中、小 3 种准备。

大饲料盘：50 厘米×30 厘米，供成虫和老龄若虫喂料用。

中饲料盘：30 厘米×20 厘米，供中龄若虫喂料用。

小饲料盘：20 厘米×15 厘米，供 3～4 龄若虫喂料用。

每平方米成虫和老龄若虫饲养池，可放 2 个大饲料盘；每平方米中龄若虫饲养池中，可放 4 个中饲料盘；每平方米 3～4 龄若虫饲养池中，可放 5～6 个小饲料盘。饲料盘放置要均匀，便于地鳖虫采食。

4. 饮水设施

饮水设施可用小碟或盘等，根据碟盘的大小在里面放置大小合适的海绵，平时喂水时把海绵块泡湿，以不见明水为度。

5. 筛选用具

筛选用具(图 2-6)是用来筛土、筛地鳖虫的。地鳖虫按龄期分池以及采收成虫、卵鞘等,都需要筛子。

图 2-6 筛选用具

(1)筛子:养殖地鳖虫所用的筛子型号(1 目就是指每平方英寸上的孔眼是 1 个,目数越高,粒径越小):

2 目筛:筛取收集成虫使用。

4 目筛:筛取 7～8 龄老龄若虫时使用。

6 目筛:筛取卵鞘、筛下虫粪时使用。

12 目筛:用于分离 1～2 龄若虫。

17 目筛:筛取刚孵化出来的若虫、筛除粉螨时使用。

筛的规格有 2 种,30 厘米×30 厘米×7 厘米和 45 厘米×45 厘米×8 厘米。前一种适于小规模饲养用,大规模饲养 2 种规格的筛子都要有。

筛子的结构由筛框和筛网 2 部分组成。筛网可以选用不锈钢丝、尼龙丝等编织而成。筛网要光滑，筛动时阻力小，不容易损伤虫体，减少伤亡。筛框一般用木板、铁皮、塑料板等比较光滑的材料制成，圆、方形均可。框厚1.5厘米左右。筛网用木条钉牢。

（2）塑料盆：塑料盆要准备2～3个大型的，可以是圆形的，也可以是长形的。长形盆用于泡制饲料及筛虫、筛卵时盛放饲养土，圆形盆用于盛装饲养土、虫体、卵鞘、喂食时盛放饲料。

塑料盆还要准备3～5个小型的用于转池和配制饲养土时暂放原料。

6. 耙子

用来平整饲养池中的饲养土或扒取虫体。

7. 喷雾器

规模小时用手持喷雾器，规模大时用压力喷雾器，用于高温干旱季节为地鳖虫补湿。

8. 干湿温度计

用于测量温、湿度，一个饲养房最少要有4个。

9. 小型粉碎机

大型养殖场用于粉碎饲料。

10. 簸箕

用于搬土、簸地鳖虫空壳等。

11. 塑料桶

用于捕捉时盛地鳖虫用。

12. 其他设施

其他配套设施可根据各自需求自行配置。

第三章　地鳖虫的饲料

地鳖虫为了维持生命活动，进行新陈代谢，必须通过采食饲料以及从外界摄取多种营养物质。

人工养地鳖虫，在引种前必须根据地鳖虫的食性来了解养殖地鳖虫常用的饲料及饲喂方法。在饲养过程中要注意观察和记录，寻找地鳖虫喜食且又营养丰富、价格低廉的饲料原料，并把这些原料适当搭配，加上维生素和微量元素，满足其营养需要，使其生长发育良好、长得快、繁殖率高，提高饲料的利用率。

第一节　地鳖虫的营养需求

地鳖虫的生长发育和繁殖与其他动物一样，需要蛋白质、脂肪、碳水化合物、维生素、矿物质、水 6 大营养素。饲料营养丰富、全价，能满足其各个生长时期的需要，生长发育就好；否则生长发育不良，生产就会受到损失。

1. 蛋白质

蛋白质是地鳖虫肌肉、腺体、体壁及其他组织的重要物质，也是生长发育和繁殖所必需的营养物质。饲料中蛋白质不足或缺少，将会影响体壁的形成及虫体的发育和繁殖。地鳖虫所必需的氨基酸为丙氨酸、精氨酸、组氨酸、异亮氨酸、色氨酸、赖氨酸、脯氨酸、丝氨酸、苏氨酸等氨基酸。

在青绿饲料中，苜蓿、菠菜、南瓜叶、马铃薯秧、青玉米、玉米苗等中必需氨基酸含量较高。因此，在青饲料的投放喂养中，可选择以上饲料某个品种作为必需的氨基酸饲料进行喂养。在地鳖虫的饲料总量中，青绿饲料和多汁饲料以占 25% 左右为宜。在所有的饲料中，以动物性饲料所含必需氨基酸最高。

试验研究证明，在地鳖虫的饲料中加入 10% 的蚯蚓粉，3 个月后测定，对照组 260 只成虫重量达 500 克，而加入蚯蚓粉的试验组 212 只成虫重量达 500 克，成虫比对照组增重明显。试验证明，成年雌虫所产卵鞘试验组也比对照组大，试验组万粒卵鞘重量达 670 克，对照组万粒卵鞘重量达 425 克，比对照组增重 245 克。这是由于动物性饲料蛋白质中氨基酸与植物性饲料蛋白质中氨基酸得到了互补，提高了营养价值。

2. 脂肪

脂肪是地鳖虫体内不可缺少的营养物质，是地鳖虫细胞的重要组成成分，是其体内供给热量的重要物质，也是体内储存能量的方式。在自然温度下，地鳖虫在秋天进入冬眠期之前食量增加，吸收的多余物质转化成脂肪储存在体内，供冬眠期体内能量消耗的需要。同时，脂肪是脂溶性维生素 A、维生素 D、维生素 E、维生素 K 的有机溶剂，这些维生素的吸收，在体内的运送都离不开脂肪。

地鳖虫体内所需要的脂肪是通过采食饲料中的脂肪、碳水化合物经消化转化而成的，不需要额外添加含脂肪高的饲料原料，但饲料中缺少脂肪或者不足，将会出现病态。若虫不能顺利蜕皮或不蜕皮，影响生长发育。此类饲料一般在动物性饲料和油料作物、糟粕类饲料中含量较高，平时应注意合理搭配。

3. 碳水化合物

碳水化合物的主要作用是为地鳖虫机体提供能量。同时参与细胞的各种代谢活动，如参与氨基酸、脂肪的合成。利用碳水化合物供给能量，可以节约蛋白质和脂肪在体内的消耗。此类饲料主要指淀粉和糖类。地鳖虫取食淀粉和糖分后，经体内淀粉酶水解加以利用转化成能源，或者与蛋白质合成脂肪，以脂肪的形式贮藏。

碳水化合物在谷类、麦类、糠类及甘薯、马铃薯中含量最多，此饲料在地鳖虫的食物中宜占50%左右。

4. 维生素

维生素在地鳖虫生长发育中作用明显，是正常机体生活不可缺少的物质，对调节和控制体内新陈代谢起重要作用。虽然地鳖虫对维生素需要量甚少，但很重要，因他不能在体内合成，必需从食物中得到。如果虫体内缺乏某种维生素则会引起代谢失调和发育不良，严重影响繁殖力和生活能力，有的会引起发病或导致死亡。

地鳖虫体内所需要的维生素，包括维生素A、维生素E、维生素C、维生素D和维生素B族等，大部分可从青绿和多汁饲料中获得。其中以甘薯、甘薯叶、大白菜、南瓜、马齿苋、小麦、麦麸、米糠、鱼粉、家禽加工下脚料和酵母等中维生素含量较高。维生素B_{12}在动物内脏中含量高。若青绿饲料不足时，可在饲料中添加禽用维生素、酵母片等进行补充。

5. 矿物质

矿物质是地鳖虫生长发育不可缺少的物质，根据它在体内含量的多少称为常量元素和微量元素2大类。常量元素包括钠、钾、氯、钙、磷、硫、铁、镁等，微量元素包括铜、锌、碘、钴、锰等。

地鳖虫体内对矿物质的吸收以及代谢过程，是和水的吸收与代谢密切相关的。矿物质虽然不是地鳖虫体内供给能量的物质，但确有特殊的生理意义，也是维持生命活动不可缺少的物质，一旦缺少了必需的矿物质，轻则引起疾病或生长迟滞，重则引起死亡。

实践证明，若在地鳖虫的养土中加入1%～2%的风化石灰，能使地鳖虫发育加快和产量增加。

6. 水

水分是地鳖虫生长发育不可缺少的物质。地鳖虫虽然有调节水分机能，但只能在一定限度内进行，如饲养环境的湿度过高或低，都会影响它的调节作用。

第二节 地鳖虫的常用饲料种类

一、常用饲料种类

地鳖虫的饲料来源广泛，饲料包括植物性饲料、动物性饲料和矿物质饲料3大类，其中植物性饲料又可分为青绿饲料、谷类饲料和饼（粕）类饲料，是养殖地鳖虫的主要饲料。

1. 植物性饲料

植物性饲料包括青绿饲料、谷类饲料和各种饼（粕）类饲料，是蛋白质的主要来源。但凡喷过农药的青饲料，不能用来喂地鳖虫，以免引起中毒死亡，或产生慢性中毒，降低生长速度和繁殖能力。

(1)谷类饲料:有麦麸、米糠、高粱粉、玉米粉等,这些也是目前喂养地鳖虫的主要饲料之一。其中以麦麸为主,麦麸经过炒、蒸、烫熟后略带香味,不但能杀死其中的虫类地鳖虫还喜食,饲养效果最佳。

(2)青绿饲料:莴苣、空心菜、油菜、南瓜、丝瓜、冬瓜、西瓜皮、土豆、胡萝卜、各种野菜、牧草、树叶、农作物的茎叶及苹果、梨等水果的皮都可以作为地鳖虫的饲料,其中桑叶、蒲公英、莴苣、南瓜、胡萝卜等是地鳖虫最常吃的青绿饲料。

青饲料含有地鳖虫生命活动所需要的营养物质,而且适口性好,但其水分多、粗纤维多,单纯喂青饲料不能完全满足其生长繁殖所需要的营养物质。

(3)饼类饲料:包括植物性蛋白饲料,如棉籽饼、菜籽饼、豆饼、花生饼、亚麻仁、黄豆、豆腐渣(晒干)。此类饲料含有丰富的蛋白质,虽然不是主要饲料,但也不是可有可无的。饼粕类饲料对地鳖虫的产量有比较大的促进作用,但需要进行加工去毒处理。

2. 动物性饲料

动物性饲料包括鱼粉、蚕蛹粉、黄粉虫、蚯蚓及鱼、虾、蟹、鸡、鸭等的碎屑残渣剩骨等,添加此类饲料能促进地鳖虫快速生长,缩短养殖周期,是一种十分优良的饲料。

使用动物性饲料必须注意两点,一是要新鲜,不能腐败变质,以防地鳖虫感染疾病;二是最好把它们烘干打成粉或煮熟后才喂地鳖虫,以防消化不良,并且提高适口性。

3. 矿物质饲料

矿物质饲料主要包括骨粉、贝壳粉、石粉、磷酸氢钙等,与其他饲料混合投喂。这些饲料含有铁、镁、钙离子等，不但能促进地鳖虫的生长发育，缩短养殖周期，而且还能促进地鳖虫蜕皮的速度。特别是在成虫期则需要在饲料中补充，以满足成虫产卵的营养需要。

此外，各种动物的粪便如牛粪、猪粪、鸡粪等也可作为地鳖虫的饲料，各种粪便宜先堆沤发酵腐熟，再将它们晒干、粉碎，然后混入饲养土中供地鳖虫慢慢采食，如果混在精饲料中投喂，因其适口性不如其他饲料好会影响饲料的利用率。

这里特别提醒养殖者各种粪便一定要腐熟，不然混在饲养土后会发酵，不但会产生热量升高饲养土的温度降低湿度，不利于地鳖虫生活，而且会放出有害气体伤害地鳖虫。

4. 添加剂

在饲料中适当加入一些复合维生素 B 液、酵母、禽类维生素添加剂等，可以满足地鳖虫对维生素及微量元素的需要。

二、饲料的配合

地鳖虫生长繁殖需要的营养物质是多种多样的，而任何一种饲料中所含的营养物质都不能提供足够的营养物质，因此不能应用单一的饲料来饲喂地鳖虫，而要采用多种饲料进行配合，可在营养物质上取长补短。另外，地鳖虫对饲料有选择性，搭配的饲料可以提高饲料的适口性，引诱地鳖虫采食从而得到良好的饲养效果。

1. 人工合成饲料的配制原则

在配制饲料时，要进行科学的搭配饲料，既要注重营养丰富、营养全面和适口性好，又要使用饲料成本低、饲料来源广和本地容易解决的饲料。

(1)多种饲料搭配:在投喂数种饲料时,地鳖虫首先取食的是动物性饲料,如鱼、肉残渣、蚯蚓、黄粉虫等;其次是水果类,如梨、苹果、番茄、南瓜等;再次是米糠、麦麸、植物花等;最后取食的是蔬菜、草类和树叶等。

针对地鳖虫的这些吃食特性,选择饲料的原则是既要注意营养丰富、全面、适口性好,又要考虑到成本低廉,饲料来源容易解决。因为给地鳖虫的调配食物,应以糠、麸、牧草、甘薯叶、青玉米、瓜果等为主,这类饲料营养价值比较高,适口性好,且来源广、成本低,极利于虫体的生长发育。为降低成本,大麦、碎米及米糠、麦麸,可用牧草粉来代替。鱼粉和蚕蛹粉可用蚯蚓粉、黄粉虫粉代替。南瓜和甘薯等可用各种瓜果、蔬菜、牧草、野草、树叶等来代替。磷酸氢钙可用已风化的石灰来代替。

麸皮是小麦加工后的副产品,因价格低廉,易于购买,运输方便,被广大养殖户广泛作为地鳖虫的饲料。有的养殖户为了图省事,长期单一用麸皮做饲料。但因麸皮粗纤维含量较低,且粗蛋白质中地鳖虫必需氨基酸含量不平衡,钙、磷比例又严重失调,若长期单一用麸皮做饲料,势必引起地鳖虫营养缺乏,生长发育不良。因此,必须注意下列有关事项。

①要与其他饲料合理搭配:因麸皮所含能量比较低,必须与其他高能量饲料,如玉米粉、高粱粉等一起配合使用。要在麸皮中加入蛋氨酸和赖氨酸等添加剂,以使饲料中氨基酸平衡。因麸皮中钙、磷比例严重失调,必须加入一些含钙物质,如骨粉、贝壳粉、蛋壳粉等,使整个饲料钙、磷达到1.5～2.1的比例。

②忌用麸皮干喂地鳖虫:麸皮质地膨松,吸水性强。若长

期用麸皮饲养地鳖虫，极易出现便秘或裂皮病，导致死亡。因此，一定要炒香后加水拌湿后再予投喂。还要适当控制投喂量，在饲喂幼龄若虫时最好喂一些盐水或淡糖水，以通便利肠。一般来说，麸皮在整个饲料的含量以 20%左右适宜。

(2)加工调工：在地鳖虫的各类饲料中，有相当一部分还需要经过加工调制。

①精饲料如谷类、麦类、豆饼、花生饼等必须粉碎并炒香。

②青饲料、块茎瓜果类均宜切碎、切细(注意不要采摘近期喷过农药的青饲料，防止地鳖虫中毒)。

③粉碎后的棉籽饼以 2%的小苏打水溶液在缸内浸泡 24 小时，取出后用清水冲洗 2 次，即可达到去毒的目的。

④把粉碎后的菜籽饼放入温水中浸泡 10～14 小时，倒掉浸泡液，添水煮沸 1～2 小时即可去毒。

⑤大豆饼(粕)去毒时将豆饼(粕)在温度 110℃下热处理 3 分钟即可。

⑥花生饼去毒时在温度 120℃左右热处理 3 分钟即可。

⑦将亚麻仁饼用凉水浸泡后高温蒸煮 1～2 小时即可去毒。

⑧蟋蟀、蝗虫、飞蛾等昆虫，用清水洗净，然后用开水烫死，待其冷却后可切碎直接喂养地鳖虫。如用不完，可晒干后，粉碎备用。

⑨人工养殖的蚯蚓、蝇蛆、黄粉虫等，用清水洗净，然后用开水烫死，待其冷却后可切碎直接喂养地鳖虫。或者加工成粉使用。

另外，除动物类饲料要熟喂外，米糠、玉米粉等既可生喂，也可熟喂，熟喂精料可以提高虫的食欲，使虫爱吃，同时由于有些精料存放时间比较长，会产生其他昆虫隐藏在内，精料熟喂可将其杀死，以免带来其他麻烦。

(3)调配：饲喂时，先把谷物精料与鱼粉或其他动物性饲料混合均匀，再加入矿物质粉、酵母粉等充分拌匀，再把鱼肝油与南瓜、甘薯、青饲料充分拌匀，最后将 2 种拌匀的料再混合拌匀即可。

配合饲料的干湿度要与饲养土相当，如果过湿会使饲料黏稠，不适宜地鳖虫咀嚼式口器的取食，且常粘在足上，既浪费饲料，又妨碍地鳖虫行走活动；但是过干各种饲料难以黏合拌匀，不能完全取食而浪费饲料，并且还因取食不全而影响地鳖虫的生长繁殖。

(4)饲料在有效保存期内不霉变、不酸败：在加工饲料时，必须加入有效量的防腐剂和抗氧化剂。这些药品在饲料中用量极少，但它们作用很大。防腐剂有山梨酸、山梨酸钾、保果灵、抑毒力等。

2. 饲料的配制

地鳖虫不同时期采食情况、食量和营养需要各不相同，应根据其营养需要配制不同营养水平的饲料。一般来讲，幼龄若虫喜食麦麸和米糠，给幼龄虫配制饲料时，麦麸、米糠的比例偏大一些；产卵的成虫需要比较高的营养水平，调配饲料时蛋白饲料原料比例要大些，保持比较高的产卵量。

(1)1 龄若虫饲料参考配方：麦麸 40%，米糠 40%，鱼粉或蚕蛹粉 5%，青饲料 10%，南瓜 4%，酵母粉 1%。

(2)2～3 龄若虫饲料参考配方：玉米粉 10%，麦麸 20%，米糠 10%，豆饼 10%，鱼粉或蚕蛹粉 5%，骨粉 0.5%，贝壳粉 2%，酵母粉 2%，鸡粪 30%，磷酸氢钙 0.5%，南瓜 10%。

(3)4～6龄若虫饲料参考配方：玉米10%，麦麸20%，米糠15%，豆饼10%，骨粉1%，贝壳粉2%，酵母粉1%，碎米6%，青饲料30%，大麦5%。

(4)7～9龄若虫饲料参考配方：玉米10%，大麦10%，麦麸30%，米糠10%，豆饼5%，骨粉5%，贝壳粉7%，酵母粉3%，青饲料20%。

(5)10～11龄若虫饲料参考配方：玉米10%，大麦10%，麦麸30%，米糠10%，豆饼5%，鱼粉5%，青饲料20%，贝壳粉7%，酵母粉3%。

(6)产卵成虫饲料参考配方：玉米10%，麦麸20%，米糠18%，豆饼15%，鱼粉12%，青饲料15%，贝壳粉5%，酵母粉3%，磷酸氢钙2%。

上述配方饲料，需要时加适量水，搅拌均匀，干湿度掌握在捏之成团，触之即散的程度，随配随用。

三、动物性饲料开发

地鳖虫饲料中需要加入一定比例的动物性饲料，方能达到营养物质平衡，才能满足其各时期营养需要。而动物性饲料价格比较高，完全购买要加大饲养成本，所以可以自行开发动物性饲料，既满足地鳖虫的营养需要，又可以降低饲养成本。

(一)畜禽下脚料

畜禽等下脚料不能腐败变质，收集后清洗干净，煮熟，剁碎，用烘箱烘干或晒干，粉碎后备用。

（二）灯光诱虫

可利用飞虫具有趋光的特点，在养殖场装一盏黑光灯或荧光灯，灯下配装积虫漏斗，漏斗下端连一布袋。每年4～10月份诱虫，开灯时间为每晚8～12时，此方法可获得比较多蝗虫类、夜蛾类等昆虫。

第二天早上将收集到的昆虫用开水烫死，晒干加工成粉，可以代替鱼粉或肉骨粉。

（三）饲养黄粉虫

黄粉虫又叫面包虫，具有抗病力强，耐粗饲，生长发育快，繁殖力强等优点，体内含有丰富的蛋白质、脂肪和糖类。而且容易饲养，用低廉的麦麸、蔬菜叶、瓜果皮就可饲养。有一些地鳖虫供种者有配套养殖的黄粉虫，他们出售地鳖虫种苗时，常常配套赠予或出售黄粉虫，引种者也应该掌握其养殖技术，以便配套养殖地鳖虫的饲料。

黄粉虫可以在养殖池中生活10天左右，并且黄粉虫爬得慢，非常方便地鳖虫的捕食。即使被吃的只剩下不到1/3的身体，依然可以活上1～2天，用它给地鳖虫当饲料无疑是个不错的选择。

1. 生活史

黄粉虫（图3-1）一个世代要经过卵→幼虫→蛹→成虫四态的变化，大约需要4～5个月。人工饲养时，1只雌虫1年可繁殖2000～3000只幼虫。黄粉虫个体变态很不整齐，所以在活动期可同时出现卵、幼虫、蛹和成虫。

（1）卵：黄粉虫卵较小，长径约0.7～1.2毫米，短径约

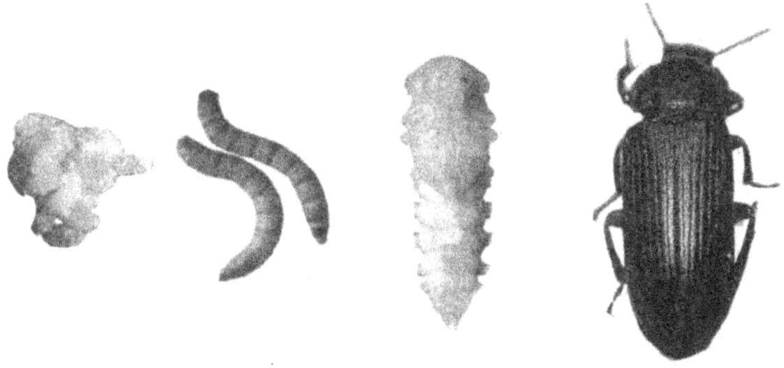

图 3-1 各态黄粉虫

0.3～0.8 毫米，长椭圆形，乳白色，卵壳比较脆软，容易破裂，外被有黏液。内层为卵黄膜，里面充满乳白色的卵内物质。

(2)幼虫：刚孵出幼虫白色体长约 2 毫米，以后蜕皮 9～12 次，体色渐变黄褐色。老熟幼虫长 22～32 毫米，重 0.13～0.26 克，节间和腹面为黄白色。头壳比较硬为深褐色，各转节腹面近端部有 2 根粗刺。

(3)蛹：刚由老熟幼虫变成的蛹乳白色，体表柔软，之后体色变灰色，体表变硬，为典型的裸蛹，无毛，有光泽，鞘翅伸达第三腹节，腹部向腹面弯曲明显。透明部背面两侧各有一较硬的侧刺突，腹部末端有 1 对较尖的弯刺，呈“八”字形，腹部末节腹面有 1 对不分节的乳状突，雌蛹乳状突大而明显，端部扁平、向两边弯曲，雄蛹乳状突较小，端部呈圆形，不弯曲，基部合并，以此可区别雌雄蛹。蛹长 15～20 毫米，宽约 3 毫米，重约 0.12～0.24 克。

(4)成虫：黄粉虫成虫长椭圆形，头密布刻点，刚羽化的成虫第一对翅柔软，为白色，第二天微黄色，第三天深黄褐色，第四天变黑色，坚硬成为鞘翅，体长约7～19毫米，宽3～6毫米，身体重0.1～0.2克。

2. 生活习性

（1）群集性：黄粉虫不论幼虫及成虫均集群生活，而且在集群生活下生长发育与繁殖得更好。但饲养密度也不宜过大，当密度过大时，一来提高了群体内温度造成高温死虫，二来相应的活动空间减少，造成食物不足，导致成虫和幼虫食卵及蛹。

（2）假死性：幼虫及成虫遇强刺激或天敌时即装死不动。

（3）自相残杀习性：黄粉虫群体中存在一定的自相残杀现象，各虫态均有被同类咬伤或食掉的危险。成虫羽化初期，刚从蛹壳中出来的成虫，体壁白嫩，行动迟缓，易受伤害；从老熟幼虫新化的蛹体柔软不能活动，也易受到损伤，而正在蜕皮的幼虫和卵，都是同类取食的对象。所以，控制环境条件，防止黄粉虫的自相残杀、取食，是保证人工饲养黄粉虫成功的一个重要问题。自残影响产虫量，此现象发生于饲养密度过高，特别是成虫和幼虫不同龄期混养更为严重。因此，要根据虫体的特性进行分离和分群管理。

（4）运动习性：成虫、幼虫均靠爬行运动，极活泼。为防其爬逃，饲养盒内壁应尽可能光滑。

（5）食性：对食物营养的要求：黄粉虫属杂食性昆虫，能吃各种粮食、麦麸、米糠、油料及各种蔬菜。幼虫还吃榆叶、桑叶、桐叶、豆类植物叶片等。

3. 对环境条件的要求

黄粉虫的生长活动与外界温度、湿度、光照、养殖密度密切相关。

(1)温、湿度:黄粉虫是变温动物,其生长活动、生命周期与外界温度、湿度密切相关。各虫态的最适温度和相对湿度见表 3-1。

表 3-1　黄粉虫各虫态的最适温、湿度

虫态	最适温度(℃)	最适相对湿度(%)
成虫	24～34	55～75
卵	24～34	55～75
幼虫	25～30	65～75
蛹	25～30	65～75

温度和湿度超出这个范围,各虫态死亡率比较高。夏季气温高,水分易蒸发,可在地面上洒水,降低温度,增加湿度。梅雨季节,湿度过大,饲料易发霉,应开窗通风。冬季天气寒冷,应关闭门窗在室内加温。

(2)光照:黄粉虫的幼虫及成虫均避强光,在弱光及黑暗中活动性强,因此人工饲养黄粉虫应选择光线比较暗的地方,或者饲养箱应有遮蔽,防止阳光直接照射。

(3)养殖密度:黄粉虫幼虫性喜集群生活,在高密度的群体生活中,能引起幼虫之间的相互取食竞争,其益处是能引起彼此快速进食和发育成长。但若在密度过大和食物缺乏时,则会出现生长缓慢,相互竞争激烈和自相残杀现象,死亡率比较高。

4. 养殖场所

黄粉虫对饲养场地要求并不高。养殖场地要宽敞、安静,周围没有什么污染源。

5. 养殖方式

(1)盒养殖:黄粉虫的养殖设备很简单,可用塑料盆、木盒等用具(图 3-2),以塑料盒最为理想。其优点有 3 个:第一,塑料盒的内壁光滑,可防止黄粉虫外逃,而且价格低廉;第二,盒体轻巧,便于搬动和管理;第三,塑料盒可一层层摞起,充分利用空间,减少占地面积。养殖盒的大小,以搬动方便为宜。规格一般长 60 厘米,宽 40 厘米,高 12 厘米,用来养殖黄粉虫的幼虫和成虫。

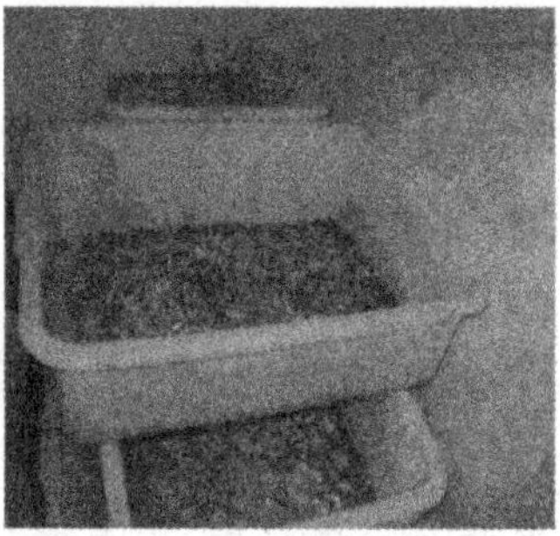

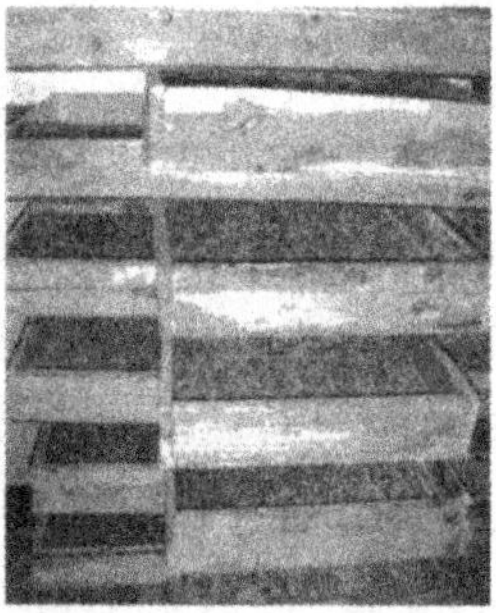

图 3-2　黄粉虫的盒养殖

养殖者也可用 100 厘米×50 厘米×10 厘米的木板钉成四方形木盒,底部用胶合板钉紧,四周用宽胶纸贴紧,使盒子内部四壁光滑,防止虫体外爬。

(2)池养:一般是建筑平地水泥池,多用于大面积饲养幼虫。根据饲养室大小,常见为正方形(200 厘米×200 厘米×15 厘米)或长方形(250 厘米×150 厘米×15 厘米)的池子。池内壁粘贴光滑瓷砖以防逃跑,池底建地下火道用于升温。因面积较大,饲养人员可进入池中进行日常管理。养殖池用途较多，还可用来储放黄粉虫或用于其他方面，缺点是单位面积利用率低。

6. 饲养用具

黄粉虫饲养用具主要有立体养殖架、养殖箱（盘）、产卵筛（40～60 目）、虫粪筛（20～60 目）、选级筛（10～12 目）、选蛹筛（6～8 目）。

饲养架、养殖箱（盆）、分离筛等应该自制，可以降低成本，所需的原料主要有木板、三合板（1.2 米×2.44 米）、胶带（7.2～7.5 厘米）。自制的用具等规格应一致，以便于技术管理。饲养盘通常是选用实木材来制作。在选择木材时要先了解一下木材的性质，没有特殊气味的木材都可作为原材料来使用。在使用密度板、纤维板、木合板、胶合板的时候也应注意最好选用旧的材料，或是经过长期挥发后的材料。如果资金不足也可以用纸箱来代替饲养盒，纸箱的成本低，但耐用程度不如各类木制的盒子，也受湿度的影响。

（1）饲养架：为了提高生产场地利用率、充分利用空间、便于进行立体饲养，可使用活动式多层饲养架（图 3-3）。

可选用木制或三角铁焊接而成的多层架，要求稳固，摆上养殖箱（盆）后不容易翻倒。要注意的是要根据空间设计架子，一般高度为 1.6～2 米，层距 20 厘米，养殖箱（盘）放置于木条和架子大小的层架上，每层放置 1～2 个养殖箱（盘），箱（盘）的大小和架子大小要相适应，以避免浪费。饲养架第一层要距地面 30 厘米，脚四周贴上胶带，使之表面光滑以防止蚂蚁、鼠等爬上架。为了实用和降低成本，可以根据具体情况，因地制宜，在保证规格统一的前提下，自行设计，饲养架高度可以根据生产车间及操作方面程度做适当调整。

图 3-3　多层饲养架

选好要使用的方木条，根据饲养车间的大小截出相应的尺寸，选出作为木架支撑腿的木条在上面画好距离（距离要根据横木条的尺寸来定、高度要根据饲养车间的高度来定）一般 2 个横木条之间的距离为 14 厘米。

将支撑腿找一块平整的水泥地面依次排开间距为 90～95 厘米，先将一根横木条固定在几根支撑腿的最上方（按原先测量好的标记）固定好最上方之后，再固定最下方的横木条，然后固定最中间的横木条，间距要统一。最后把所有的横木条依次固定在支撑腿上（固定方法用铁钉、木槽加木胶都可以），这样饲养架的一半基本上就做好了。

用同样的方法将饲养架的另一面也做好，再用 40 厘米长的木条将 2 个做好的饲养架连接、固定在一起，一个标准的黄粉虫饲养架就做好了。

(2)养殖箱(盘):养殖箱(盘)用于饲养黄粉虫幼虫、蛹以及收集成虫产的卵和在其中进行卵的孵化(也叫孵化箱)。

养殖箱(盘)可以购买成品塑料箱,也可自行制作。自行制作养殖箱(盘)时,其规格、大小可视实际养殖规模和使用空间而确定,可大可小,但要求箱内壁光滑,不能让幼虫爬出和成虫逃跑。

养殖箱(盘)最佳尺寸为宽 40 厘米,长 80 厘米,边高 8 厘米,这样每张三合板正好 9 个盒底,不浪费材料,而且刚好与透明胶带宽度适宜。三合板的光滑面在盒外面,为使胶带牢固不让虫体外逃和咬木,要贴好胶带再组装盒子。靠盒底部多留 2 毫米胶带和底封严。一个孵化箱可孵化 3 个卵箱筛的卵纸,但应分层堆放,层间用几根木条隔开,以保持良好的通风。

塑料材质也可,但是 1~2 月龄以上的幼虫应养于木质箱内,以增加空气的通透性,防止水蒸气凝集。

①先将各种板材(有特殊气味的不行)切割成长 80 厘米、宽 40 厘米、高度为 8 厘米、厚度为 0.8 厘米或 0.9 厘米或 1 厘米的各 1 块(注意这些板块必须要有一面是光滑的,以便粘贴透明胶带)将准备好的透明胶带平整的用力的粘贴在光滑面。

②再用小铁钉或气枪钉将 4 块木板钉成一个长 80 厘米,宽 38 厘米,高 8 厘米的木框。4 个角的连接处还要用长一些的铁钉进行 2 次加固,以防使用时开角脱落。

③将钉好的木框放在平整的水泥地面上,把切割好的木盒底板(80 厘米×40 厘米的胶合板)放在上面用小铁钉或气枪钉固定在上面,这样一个标准的黄粉虫饲养盘就做成了。

在加工饲养盘前,先在四周边料的内侧粘贴宽胶带,由底线往上、底缘略有富裕，在针底板时压在底板和四周侧板中间，四壁及底面间不得有缝隙，可以保证黄粉虫幼虫、成虫不会沿壁爬出。

(3)产卵筛：产卵筛可用80厘米×40厘米×10厘米的木板钉成，底部用铁丝网51目(筛麦用的)钉紧，成虫放在里面，产卵时把尾部伸出铁丝网产到产卵箱，产卵箱里可铺上一层麸皮以免卵损坏。使用方法：把100厘米×50厘米×10厘米的方木盒放在底下，上面放上80厘米×40厘米×10厘米的铁筛子，里面放上产卵的成虫，撒入麸皮、蔬菜叶、瓜果皮等，任其自由采食，在撒饲料时，不能超过1厘米，以免成虫产卵时，尾部伸不出铁丝网。当成虫产卵7天左右即换产卵箱，产卵箱要单独放，要注意不要使卵受到挤压，以免损坏。当卵孵出幼虫，这时不必要添加饲料，原先产卵箱的麸皮够幼虫吃的，随着虫体的逐渐长大，根据实际情况，及时添加饲料，还要定期筛虫粪。产卵筛一般可做6～8个即可够用。

(4)分离筛：分离筛的木板规格和产卵筛木板规格相同。不同的地方用做底的不锈钢铁丝网的网目有12目的和50目的。12目的筛用做幼虫和蛹的分离，一般只做1～2个为宜。50目的筛用做筛取幼虫的粪便。分离筛四周木板的内壁也均贴上透明胶带，以防幼虫外逃跑。

(5)孵化箱和羽化箱：黄粉虫的卵和蛹，在发育过程中外观上是静止不动的。为了保证其最适温度和湿度需求并防止蚁、螨、鼠、壁虎等天敌的侵袭，最好使用孵化箱和羽化箱。孵化箱和羽化箱规格为：箱内由双排多层隔板组成，上下2层之间的距离以标准饲养盘高度的1.5倍为宜，2层之间外侧的横向隔离板相差10厘米，便于进行抽放饲养盘的操作。左右两排各排放 5 个标准饲养盘；中间由一根立锥支柱间隔；底层留出 2 个层间距以便置水保湿。

(6)其他：温度计和湿度计、旧报纸或白纸（成虫产卵时制作卵卡）、塑料盆（不同规格，放置饲料用）、喷雾器或洒水壶（用于调节饲养房内湿度）、镊子、放大镜、菜刀、菜板等。

7. 饲料

黄粉虫属杂食性昆虫，吃食各种粮食、油料和饼粕加工的副产品，也吃食各种蔬菜叶。人工饲养时，应该投喂多种饲料制成的混合饲料，如麦麸、玉米面、豆饼、胡萝卜、蔬菜叶、瓜果皮等搭配使用。也可喂鸡的配合饲料。

(1)幼虫饲料参考配方

配方一：麦麸 70%，玉米粉 25%，大豆 4.5%，饲用复合维生素 0.5%。若加喂青菜，可减少麦麸或其他饲料中的水分。

配方二：麦麸 70%，玉米粉 20%、芝麻饼 9%，鱼骨粉 1%。加开水拌匀成团，压成小饼状，晾晒后使用。也可用于饲喂成虫。

配方三：麦麸 10%，玉米粉 5%，大豆 40%，饲用复合维生素 0.5%，其余用各种果渣生物蛋白饲料。将以上各成分拌匀，经过饲料颗粒机膨化成颗粒，或用 16%的开水拌匀成团，压成小饼状，晾晒后使用。

配方四：麦麸 20%，玉米粉 5%，大豆 40%，饲用复合维生素 0.5%，其余加酒糟渣粉。将以上各成分拌匀，经过饲料颗粒机膨化成颗粒，或用 16%的开水拌匀成团，压成小饼状，晾晒后使用。

配方五：麦麸 70%，玉米粉 25%，大豆 4.5%，饲用复合维生素 0.5%。

(2)成虫饲料参考配方:成虫饲料配方一般营养要求比较高,因为饲料的营养直接影响种虫的寿命及产卵量。

配方一:麦麸 75%,玉米粉 15%,鱼粉 4%,食糖 4%,复合维生素 0.8%,混合盐 1.2%。

配方二:纯麦粉(质量较差的麦子及麦芽磨成的粉,含麸)95%,食糖 2%,蜂王浆 0.2%,复合维生素 0.4%,饲用混合盐 2.4%。

配方三:劣质麦粉 95%,食糖 2%,蜂王浆 0.2%,复合维生素 0.4%,饲用混合盐 2.4%。

配方四:麦麸 55%,马铃薯 30%,胡萝卜 13%,食糖 2%。

8. 饲养管理

引种前应仔细阅读有关黄粉虫的书籍,初步掌握黄粉虫的生活习性、管理技术、疫病防治等技术要点,了解当地的市场行情与销售途径,谨慎减少养殖风险,根据实际需要筹建黄粉虫养殖场地。

(1)严格选种:引种时最好能请专业技术人员帮助选种。种虫的个体健壮、活动迅速、体态丰满、色泽光亮、大小均匀、成活率高。而商品虫个体大小不一,有的明显瘦小,色泽乌暗,大小参差不齐(有的经处理不明显),成活率低,产卵量远远达不到要求。黄粉虫与其他养殖业一样,同样受当地气候、环境、资源、市场等条件的影响。

(2)日常饲养与管理:黄粉虫是一种完全变态昆虫,有成虫、卵、幼虫、蛹 4 种虫态。各个虫态对环境的要求不同,所以对饲养的要求也各异。

①成虫期管理:成虫期管理的主要目的是为了使成虫产下尽量多的虫卵,繁殖更多的后代,扩大养殖种群。

在良好的饲养管理条件下，一般成虫寿命为90～160天，产卵期60～100天左右。每天能产卵1～10粒，一生产卵60～480粒，有时多达800粒甚至1000多粒（产卵量的多少与饲料配方及管理方法有关）。在繁殖期，成虫不停地摄食、排粪、交配、排精与产卵。因此，按照生产要求选好种，留足种，提供优良生活环境与营养，以保证多产卵，提高孵化率、成活率及生长发育速度，达到高产、降低成本的目的。

Ⅰ．蛹的收集：用来留种的幼虫，应进行分群饲养。到6龄时幼虫长到约30毫米，颜色由黄褐变淡，食量减少，这是老熟幼虫的后期，会很快进入化蛹阶段。老龄幼虫化蛹前四处扩散，寻找适宜场所化蛹。幼虫化蛹时，应及时将蛹与幼虫分开。分离蛹的方法有手工挑拣、过筛选蛹等，少量的蛹可以用手工挑拣，蛹多时用分离筛筛出。

黄粉虫怕光，老熟幼虫在化蛹前3～5天行动缓慢，甚至不爬行，此时在饲养盘上用灯光照射，小幼虫比较活泼，会很快钻进虫粪或饲料中，表面则留下已化蛹的或快要化蛹的老熟幼虫，这时可方便地将其收集到一起。

化蛹初期和中期，每天要捡蛹1～2次，把蛹捡出放在羽化箱中，避免被其他幼虫咬伤。化蛹后期，全部幼虫都处于化蛹前的半休眠状态，这时就不要再捡蛹了，待全部化蛹后，筛出放进羽化箱中。

Ⅱ．成虫的分拣：移入羽化箱中蛹每盘放置6000～8000只，并撒上一层精料，以不盖过蛹体为度。初蛹呈银白色，逐渐变成淡黄褐色、深黄褐色。调节好温、湿度，以防虫蛹霉变。一般蛹7天以后羽化为成虫，5～6天后在蛹的表面盖上一块湿布（最简便的是用一张报纸），绝大部分成虫爬在湿布和报纸下面，部分会爬在湿布、报纸上面。由于同一批蛹羽化速度有差异，为预防早羽化的成虫咬伤未羽化的蛹体，每天早晚要将盖蛹的湿布轻轻揭起，将爬附在湿布上面的成虫轻轻抖入产卵箱内。如此操作经 2～3 天，即可收取 90％的健康羽化成虫，成虫很快被分拣出来。

羽化后的成虫移入产卵箱后要做好接卵工作。每个产卵箱养殖的成虫数因箱的大小不同而不同，一般按每平方米 0.9～1.2 千克的密度放养，即每平方米产卵箱大约是2000～3500 头成虫。密度大固然能提高卵筛的利用效率和产卵板上卵的密度，但是能量消耗增加甚至同类相食，密度过大时造成成虫个体间的相互干扰，成虫争食、争活动空间，引起互相残杀，容易造成繁殖率下降；但密度过小时也会浪费空间和饲料，投放雌雄成虫的比例一般以 1∶1 为宜。

投放成虫前，在产卵箱上铺上一层白菜叶，使成虫分散隐蔽在叶子下面，如果温度高、湿度低时多盖一些，蔬菜主要是提供水分和增加维生素，随吃随加，不可过量，以免湿度过大菜叶腐烂，降低产卵量。

成虫产卵时多数钻到饲料底部，伸出产卵器穿过铁丝网孔，将卵产在产卵板上。因此，产卵板要先撒上厚约 1 厘米的麦麸后放在卵筛下面接卵，一般每 5～7 天更换 1 次。

Ⅲ. 喂养：在饲料投喂量上，要量少勤投，一般至少每 1 天投喂 1 次，5～7 天换 1 次饲料品种。在饲喂时，先在卵筛中均匀撒上麦麸团或面团，再撒上丁状马铃薯或其他菜茎，以提供水分和补充维生素，随吃随放，保持新鲜。羽化后 1～3 天，成虫外翅由白变黄渐变黑，活动性由弱变强，此期间可不投喂饲料。羽化后 4 天，逐渐进入繁殖高峰期，每天早晨投放适量全价颗粒饲料。成虫在生长期间不断进食、不断产卵，所以每天要投饲料 1～2 次，将饲料撒到叶面上供其自由取食。精料使用前要消毒晒干备用，新鲜的麦麸可以直接使用。

成虫最初为米黄色，其后浅棕色→咖啡色→黑色。

羽化的成虫应及时挑拣，否则成虫会咬伤蛹。

刚羽化的米黄色成虫不能与浅棕色、咖啡色、黑色成虫放在一起，更不能相互交错叠放，最好同龄的成虫放在一起。因为颜色没有发黑色的成虫并未达到性成熟，黑色成虫和其他颜色成虫羽化后的成虫强行交配产卵之后孵化的幼虫发病率高、死亡率高，不能作种虫用。

留种虫应在产卵高峰期能嗅到卵散发一种刺鼻的气味时，这种卵留作种虫最好。

Ⅳ. 产卵：每盒产卵盘放进 1500 只左右（雌、雄比例为 1∶1）成虫，成虫将均匀分布于产卵盘内。如前所述，成虫产卵时大部分钻到麸皮与纱网之间底部，穿过网孔，将卵产到网下麸皮中，人工饲养即是利用它向下产卵的习性，用网将它和卵隔开，杜绝成虫食卵。因此，网上的麸皮不可太厚，否则成虫会将卵产到网上的麸皮中。成虫产卵盒一般放在养殖架上，如果架子不够用也可纵横叠起，保留适当空隙。卵的收集主要根据饲养的成虫数量、成虫的产卵能力、环境的温湿度情况而定。一般情况下是 2～3 天收集 1 次，成虫在产卵高峰期且数量多、温湿度最适宜时，可以每天收集 1 次。收集时必须轻拿轻放，不能直接触动卵鞘饲料，次序是先换接卵纸，再添加饲料麦麸。同一天换下的产卵纸和板可按顺序水平重叠在一起放入养殖箱中标注日期，一般以叠放 5～6 层为宜，不可叠放过多以防压坏产卵纸或板上的卵粒，并在上面再覆盖一张报纸。每次更换的接卵纸或板要分别放在不同的卵盒中孵化，以免所孵化出的幼虫大小不一。

在冬季升温时，整个饲养室内上下的温度是不一致的，一般是上面温度高，下面温度低。因为虫卵在孵化时需要较高温度，在低温下不孵化。养殖户若没有专门的高温孵化室，为满足虫卵对温度的要求，可将卵盒放在铁架最上层孵化，而将成虫、蛹、幼虫放在中、下层。实践证明，这种管理方法较为科学，因为虫卵在等待孵化时容易破碎，要禁止频繁移动（最好不要移出卵盒），而虫卵也不需要投食喂养，放在高层较好。

为了便于管理，一定要在卵盒外用纸写上接卵日期，这样可及时观察虫卵孵化情况，做到心中有数。

在夏季多雨季节，因湿度大、温度低麦麸容易变质，导致虫卵霉烂坏死，有时甚至会出现大面积死亡，造成经济损失。另外，在湿度大时，麦麸还容易孳生螨虫，噬咬虫卵。因此，在空气湿度大接卵时，最好直接用麦麸铺底，不添加水分。而在干燥季节，可在饲料上盖一层菜叶。在夏季高温、高湿季节时，为防止虫卵霉烂变质，可将虫卵放在温度稍低的支架低层或中层，还要搞好饲养室的通风透气。

Ⅴ. 卵的收集：卵的收集方式有 2 种，即利用产卵筛采卵或利用饲养盘直接采卵。

• 利用产卵筛采卵：即在黄粉虫成虫产卵时，在产卵筛的纱网底下铺垫的白纸上，撒一层薄薄的麸皮等基质，卵从网孔中落在下面的基质中，一般接卵纸 2～3 天换 1 次，将换下的基质、虫卵放入饲养器具中，约经 7～10 天便可自然孵出幼虫。

• 标准饲养盘采卵：即是沿用饲养器具，底垫白纸，但会有部分卵散落于饲料中，搜集时应该同时将二者放在一起。在标准饲养盘底部附衬一张稍薄的糙纸，上铺 0.5～1.0 厘米厚饲料，每盒中投放 6000 只（雌：雄为 1：1）成虫，成虫即将卵均匀产于产卵纸上，每张纸上 2 天即可产 10 000～15 000 粒卵，每隔 2 天取出 1 次，即制作成卵卡。另有部分卵散落于饲料中，可忽略不计，可以用做孵化时的覆盖物。

Ⅵ. 成虫的日常管理

• 避免混养：在虫态管理上，因成虫和幼虫形态不一样，活动方式也不一样，对饲料要求也不一致，一定不要混养，以免干扰其产卵，影响产量。更不要与蛹混放在一起，以免成虫食卵，造成经济损失。

• 疾病预防：在疾病预防上，要预防成虫出现干枯病或软腐病。

• 温湿控制：提供适宜的温湿度。成虫期所需适宜温度为 25～33℃，湿度为 55%～85%，饲料湿度为 10%～15%，若用颗粒料，则青饲料也要适量。实践证明，在此期间，若投喂青饲料太多，会降低其产卵量。

• 成虫的密度控制：繁殖组成虫密度为每平方米 1 万～2 万头，其最佳密度为每平方米 1.2 万～1.6 万头。

在繁殖期内，对自然死亡的成虫，因一般不会腐烂变质，所以不必挑出，让其他活成虫啃食而相互淘汰，这样不仅可以弥补活成虫的营养，也节省了大量人工。

• 防止成虫外逃：成虫是黄粉虫 4 个虫代中活动量最大、爬行最快的虫期，此期的防逃工作极为重要。为防止成虫外逃跑，饲养种成虫时要经常检查种虫箱，及时堵塞种虫箱孔及缝隙，保持胶带的完整与光滑，从而保持产卵筛内壁的光滑无缝，使成虫没有逃跑的机会。经过多年的驯化，大部分成虫应该已经没有腾飞的能力，但是还有个别的成虫有腾飞能力，若防逃跑，可以在饲养盘顶部用透气的塑料纱窗做成网罩盖子盖住。

• 除粪：因成虫的卵混在饲料里，所以成虫的粪便如果不是太厚，一般不需清理。如果发现粪便过多需要清理，可将筛下的粪便集中在 1 个盘内，这样还可以培养出一批虫。废弃的虫粪是鸡鸭的好饲料，可以拿来喂鸡鸭或做肥料。

• 定期淘汰：在时间管理上，在产卵筛上要标注成虫入筛日期，以便掌握其产卵时间和寿命的长短。蛹羽化为成虫后的 2 个月内为产卵盛期，在此期间，成虫食量最大，每天不断进食和产卵，所以一定要加强营养和管理，延长其生命和产卵期，提高产卵量。2 个月后，成虫由产卵盛期逐渐衰老死亡，剩余的雌虫产卵量也显著下降，3 个月后，成虫完全失去产卵能力。因此，一般种成虫产卵 2 个月后，为了提高种虫箱及空间的利用率，提高孵化率和成活率，不论其是否死亡，最好将全箱种虫淘汰，以新成虫取代，以免浪费饲料、人工和占用养殖用具。

Ⅶ. 卵的孵化：将接卵纸置于另一个饲养盘中，做成孵化盘。先在饲养盘底部铺设一层废旧纸张（报纸、纸巾纸、包装用纸等），上面覆盖 1 厘米厚麸皮，其上放置第一张接卵纸。在第一张接卵纸上，再覆盖 1 厘米厚麸皮，中间加置 3～4 根短支撑棍，上面放置第二张接卵纸。如此反复，每盘中放置 4 张接卵纸，共计约 40 000～60 000 粒卵。然后将孵化盘置于孵化箱中，在适宜的温度和湿度范围内，6～10 天就能自行孵出幼虫。

黄粉虫卵的孵化受温度、湿度的影响很大，温度升高，卵期缩短；温度降低，卵期延长。在温度低于15℃时卵很少孵化。在温度为25～32℃、湿度为60%～70%、麦麸湿度15%左右时，7～10天就能孵化出幼虫。放置卵箱的房间，温度最好保持在25～32℃，以保证卵能较快孵化和达到高的孵化率。幼虫刚孵出时，长约0.5～0.6毫米，呈晶莹乳白色，可爬行，1天后体色变黄色。口器扁平，能啃食较硬食物。幼虫与其他虫态不一样，有蜕皮特性，一生要蜕皮10多次。关于幼虫的分龄，目前还没有统一的说法，一般认为13～18龄。其生长发育是经蜕皮进行的，约1个星期蜕皮1次。幼虫的生长速度和幼虫期的长短主要取决于温度、湿度和饲料3大要素。在温湿度适宜的情况下，幼虫蜕皮顺利，很少有死亡现象。刚孵出的幼虫为1龄虫，第一次蜕皮后变为2龄幼虫。刚蜕皮的幼虫全身为乳白色，随后逐渐变黄色。经60天7次蜕皮后，变为老熟幼虫。老熟幼虫长20～30毫米，接着就开始变蛹。其生长期为80～130天，在温度24～35℃，空气相对湿度55%～75%，投喂粮食与蔬菜情况下，幼虫期大约120天。

②幼虫的日常管理：幼虫的饲养是指从孵化出幼虫至幼虫化为蛹这段时间，均在孵化箱中饲养。孵化箱与产卵箱的规格相同，但箱底放置木板。1个孵化箱可孵化2～3个卵箱筛的卵纸，但应分层堆放，层间用几根木条隔开，以保持良好的通风。

孵化前先进行筛卵，筛卵时首先将箱中的饲料及其他碎屑筛掉，然后将卵纸一起放进孵化箱中进行孵化。卵上盖一层菜叶或薄薄的一层麦麸，在适宜的温度和湿度范围内，6～10天就能自行孵出幼虫。刚孵出的幼虫和麦麸混在一起，用肉眼不容易看得清楚。可用鸡毛翎拨动一下麦麸，如发现麦麸在动，说明有虫。

幼虫留在箱中饲养，3 龄前不需要添加混合饲料，原来的饲料已够食用，但要经常放菜叶，让幼虫在菜叶底下栖息取食。幼虫在每次蜕皮前均处于休眠状态，不吃不动，蜕皮时身体进行左右旋转摆动，蜕皮 1 次需要 8～15 分钟。随着幼虫的长大，应逐渐增加饲料的投放，同时减少饲养密度。1～3 周龄幼虫每平方厘米放养 8～10 只，4～6 周龄为 5.5 只，7～9 周龄为 4 只，10～13 周龄为 3 只，14 周龄以上为 1.7 只。幼虫长到 20～25 毫米或更大时，可收获做饲料。

幼虫的粪便为圆球状，和卵的大小差不多，无臭味，富含氮、磷、钾，是良好的有机肥，并含有一定量的蛋白质，可做饲料。幼虫培育槽中的粪便，应每隔 10～20 天清除 1 次。在清除粪便的前一天，不再添加饲料，待清除粪便后方可喂食。清除粪便的办法是用筛子筛出幼虫粪便。筛子可用尼龙纱绢做成，对前期幼虫的粪便应用 11～23 目的纱绢做筛布，对中后期幼虫的粪便则用 4～6 目的纱绢做筛布。总之，以能让幼虫粪便筛出，而幼虫又钻不出筛孔为原则。在筛粪时，要注意轻轻地抖动筛子，以免把幼虫弄伤，并注意检查所筛出的粪便中是否有较小的幼虫。若有，可用稍小一些规格的筛子再筛一遍，或者把筛出的粪便都集中放到一个干净的培育槽中喂养一段时间后再筛。

用来留种的幼虫，到 6 周龄时因幼虫群体体积增大，应进行分群饲养，幼虫继续蜕皮长大。老龄幼虫在化蛹前四处扩散，寻找适宜场所化蛹，这时应将它们放在箱中或脸盆中，防止逃走。化蛹初期和中期，每天要捡蛹 1～2 次，把蛹取出，放在羽化箱中，避免被其他幼虫咬伤。化蛹后期，全部幼虫都处于化蛹前的半休眠状态，这时就不要再捡蛹了，待全部化蛹后，筛出放进羽化箱中，蛹在饲料表面，经过 7 天后就羽化为成虫。

饲养幼虫除了提供足够的饲料外，主要是做好饲料保湿工作，湿度控制在含水量 15%，过于干燥可喷水，但不宜太湿。可人工调节温度、湿度，使环境条件适宜于卵的孵化。在干燥、低温的秋、冬季节，可用电炉、暖气等加温；用新鲜菜叶覆盖饲养槽，在饲养室内悬挂湿毛巾，以提高空气相对湿度。在高温的夏季，可定时向饲养室房顶浇水降温。

③蛹期管理：蛹的发育历期是指从其化蛹到蛹期羽化所经历的时间。蛹的发育历期与其环境温、湿度有关，在温度 25～30℃，相对湿度 65%～75%条件下，其发育历期为 7～12 天。一般老熟幼虫化蛹时裸露于饲料表面。初蛹为乳白色，体壁柔软，隔日后逐渐变为淡黄色，体壁也变得比较坚硬。

Ⅰ. 蛹不宜堆放过厚：因蛹皮薄易损，在盒中放置时不可太厚，以平铺 1～2 层为宜，若太厚或堆积成堆就会引起窒息死亡。

Ⅱ. 蛹的分离：在同一批蛹中，因羽化时间先后不一致，先羽化的成虫咬食未羽化的蛹，要尽快进行蛹虫分离。目前有手工挑拣、过筛选出、食物引诱、黑布集中、明暗分离等方法。

• 手工挑拣：此法适宜分离少量的蛹。优点是简便易行，缺点是费时费工，还会因蛹太小，在挑拣时稍微用力即会将蛹捏伤而死。只有经验丰富手感好的养殖户才可避免出现此弊端。所以，不是很熟练的养殖户，可以用勺(塑料的最好)将蛹舀入捡蛹盘内，注意不要将幼虫一起舀入盘中。首先筛出黄粉虫虫粪，取一个空养虫箱，均匀地撒上一层麸皮；其次，将老熟黄粉虫（种虫）倒在麸皮上，不要用手搅动种虫，让它自由分散活动，然后向箱内撒上零散的青菜。拣蛹时，勿用手在箱内来回搅动，轻轻拣去集中于饲料表层上的蛹，避免对蛹的伤害。

• 过筛选出：因幼虫身体细长，蛹身体胖宽，放入 8 目左右的筛网轻微摇晃，幼虫就会漏出而分离。此法适宜饲养规模较大时使用。

• 食物引诱：利用虫幼蛹不动的特点，在养虫盒中放一些较大片的菜叶，成虫便会迅速爬到菜叶上取食，把菜叶取出即可分离。

• 黑布集虫：用一块浸湿的黑布盖在成虫与蛹上面，成虫大部分会爬到黑布上，取出黑布即可分离成虫和蛹。有时也可用报纸等来代替黑布。

• 明暗分离：利用黄粉虫畏光特点，将活动的幼虫与不动的蛹放在阳光下，用报纸覆盖住半边虫盒，幼虫马上会爬向暗处而分离。

• 虫粪分隔：利用虫动蛹不动的特性，把幼虫与蛹同时放入摊有较厚虫粪的木盒内，用强光（或阳光）照射，幼虫会迅速钻入虫粪中，蛹不能动都在虫粪表面，然后用扫帚或毛刷将蛹轻扫入簸箕中即可分离。上述方法也可用于死虫及活虫的分离。

9. 病害防治

黄粉虫的抵抗能力强，很少发病，但也有发病的情况出现，如患软腐病、干枯病等。健壮的成虫，行动有急急忙忙、慌慌张张之态;健壮的幼虫,爬行较快、食欲旺盛。若发现虫体软弱无力、体色不正常,就要检查其是否有病。

(1)软腐病:此病多发生在梅雨季节,主要是因空气湿度大、饲料不干净;或在过筛时用力过大使虫体受伤、或幼虫被咬伤、或细菌感染所致。患软腐病时虫体行动迟缓、食欲下降、粪便清稀、虫体变黑变软,而后便腐烂死亡,或因无力蜕皮而死亡。

防治方法:若发现病虫,及时拣除,以防止互相感染;停喂青饲料,清理残饵和粪便;设法通风排湿;保持适宜的密度;过筛时,动作要轻,以减少虫体受伤;发病后,用 0.25 克金霉素粉拌入 0.5 千克饲料投喂。

(2)干枯病:此病一般在幼虫和蛹中发生,病因不明,在高温干燥的季节容易发生此病。成虫较少患此病。患病的虫体从头至尾干枯,而后整个虫体枯死,死后体色变黑。

防治方法:干燥季节适当多投喂些青饲料,或在地上洒些水,以调节湿度;若发现病虫,在饲料中拌些酵母片和土霉素粉,增加含钙质食物,以提高虫体的抗病能力。

(3)壁虎:壁虎很喜欢偷吃黄粉虫,是培育黄粉虫的一大敌害,而且比较难防范。一旦培育的黄粉虫被壁虎发现,它会天天夜里来偷吃。

防治方法:彻底清扫培育室,堵塞一切壁虎藏身之地,门窗装上纱网,防止壁虎进入。

(4)老鼠:老鼠不仅能吃黄粉虫,而且还偷吃饲料,会把培育槽内搞得一塌糊涂。

防治方法:堵塞鼠洞,关好门窗,最好能在培育室内养 1 只猫。

(5)鸟类:黄粉虫是一切鸟类的可口饲料,若培育室开窗时,往往有麻雀进入室内偷吃,1 只麻雀 1 次可以偷吃几十条幼虫。

防治方法:关好纱窗,防止鸟类入室,开窗时要有人看护。

(6)蚁害:蚂蚁也喜欢偷吃黄粉虫和饲料。在培育室四周挖水沟防蚁或在培育槽的架脚处撒石灰粉防蚁。

(7)米象:米象又叫米虫,它主要是和黄粉虫争饲料,米象的幼虫还会使饲料形成团块,而影响黄粉虫的生长和孵化。

防治方法:饲料在使用前用高温蒸,以杀死杂虫。

(8)螨:螨类无处不存在,各种螨类对黄粉虫危害极大,会造成虫体软弱、生长缓慢、繁殖力下降。螨类很小,用肉眼很难看得清楚,用低倍显微镜观察,可见到它形似小蜘蛛。

防治方法:搞好室内卫生,培育室在使用之前用甲醛和高锰酸钾消毒(先关好窗,20 平方米的室内用甲醛 100 毫升和 50 克高锰酸钾混在一起喷洒,立即关好门,待 2 小时后打开门窗通气);饲料在使用前,用蒸汽消毒,以杀死螨类;发现螨类时,可把饲料放在阳光下晒 5～10 分钟,若饲料中是幼龄虫不要晒太长时间;螨类严重为患时,可用 40%的三氯杀螨醇喷洒在墙角饲料上(用药一定要慎重,喷药时要戴口罩,施药后要把手清洗干净)。

10. 直接饲喂

黄粉虫除筛选留足良种外,其余均可作为饲料使用。

地鳖虫的食量不是很大,一般 1 条成体地鳖虫每次食量约 1 克,所以只要隔两、三天在养殖池内洒 1 次黄粉虫基本就能满足地鳖虫的生长需要了。但投喂时须根据地鳖虫龄的大小投喂黄粉虫的大小,一般幼地鳖虫投喂 1～1.5 厘米长的黄粉虫幼虫较为适宜;在地鳖虫取食高峰期,投虫量应宁多勿缺;地鳖虫一般夜间出来捕食,要保证夜间有足够量的食物。

11. 干制

鲜虫放入锅内炒干或将鲜虫放入开水冲煮1～2分钟捞出,置通风处晒干,也可用烘箱烘干,然后用粉碎机粉碎成粉。

(四)饲养蚯蚓

蚯蚓生长发育快,繁殖力强,容易饲养,养殖技术简单,是养殖地鳖虫的优质活体蛋白饲料之一。

1. 生活史

蚯蚓为雌雄同体但需行异体受精,交换精液后,精卵在黏液管内受精成熟后,蚯蚓退出黏液管留在土壤中,两端封闭,形成卵茧。卵茧经2～3周即孵化出小蚯蚓,破茧而出。

(1)成蚓(图3-4):蚯蚓身体为长圆柱形,两端稍尖,头部及感觉器官退化。整个身体由环状体节相连而成,体节数因品种而异。身体前端具环状生殖带,雌雄同体,异体受精。具刚毛,并以其作为运动器官。蚯蚓的种类不同,体色也不同,通常背部、侧面呈棕红、紫、褐、绿等颜色,腹部颜色比较浅。

(2)蚓茧(图3-5):蚓茧多为椭圆形,一般只有半粒绿豆大,1条蚯蚓可以产生许多个蚓茧,刚生产的蚓茧多为苍白色、淡黄色,随后逐渐变成黄色、淡绿色或淡棕色,最后变成暗褐色或紫红色、橄榄绿色。

(3)幼蚓:幼蚓体态细小且软弱,长度为5～15毫米。最初为白色丝绒状,稍后变为与成蚓同样的颜色。幼蚓期长短与环境温度有关。在20℃条件下,太平2号蚯蚓的幼蚓期为30～50天。

图 3-4 成蚓

图 3-5 蚓茧

（4）若蚓期：若蚓期即青年蚓期。其个体已接近成蚓，但性器官尚未成熟（未出现环带）。太平 2 号蚯蚓的若蚓期为

20～30天。

2. 生活习性

(1)怕光：栖息深度为10～20厘米，夜晚出来活动觅食。

(2)怕盐：盐料对蚯蚓有毒害作用。

(3)食物：蚯蚓是杂食性动物，以腐烂的落叶、枯草、蔬菜碎屑、作物秸秆、禽畜粪、瓜果皮和造纸厂、酿酒厂或面粉厂的废渣以及居民点的生活垃圾为食。特别喜欢吃甜食，比如腐烂的水果，亦爱吃酸料，但不爱吃苦味和有单宁味的食料。

(4)再生性：蚯蚓虽然属于低等蠕虫类动物，却具有顽强的生命力，如身体被切断为两段后可再生为2个个体。

(5)喜静性：蚯蚓喜欢安静的环境，怕噪声、怕震动。

(6)繁殖特性：4～6月龄性成熟，1年可产卵3～4次，每年3～7月份和9～11月份是蚯蚓繁殖旺季。蚯蚓的寿命为1～3年。

3. 对环境条件的要求

蚯蚓在生长发育过程中，对温度、湿度、空气、光照、pH值、养分等均有一定的要求，但不同种类的蚯蚓，其适宜的生长发育条件有所差异。

(1)温度：蚯蚓作为一种变温动物，对温度的要求比较严格。生长适温范围为5～32℃，最适温度为23℃。蚯蚓产卵的最适温度为21～25℃，随着温度的升高或降低，成熟蚯蚓的产卵量均会减少。温度降低，产卵间隔时间延长；温度升高，产卵减少，卵重减轻，卵形变小。当温度高于36℃时，蚯蚓停止产卵，即使产出卵茧，其卵子受精也困难，成为不受精卵，影响繁殖率。

幼蚯蚓的最适温度有一定规律，温度可由高到低，最适温度可高出成熟蚯蚓约 3～4℃。卵茧的孵化温度要求从低到高，最好从 13～15℃开始，逐渐上升到 30℃左右，这样的温度条件可提高孵化率。

(2)湿度：蚯蚓必须栖息在潮湿的环境中，但太潮湿对蚯蚓生存也不利，容易使气孔堵塞致死。

不同种类的蚯蚓对土壤含水量的要求有很大差别。如环毛蚓、异唇蚓等要求干燥，适宜土壤含水量在 30%左右；而爱胜蚓、"太平二号"等主要养殖在有机饲料中，要求饲料含水量为 60%～70%。茧孵化的湿度一般要求在 60%左右。

(3)氧气：蚯蚓生活在基料和饲料中，生长环境和条件不利于呼吸作用。加上基料和饲料不断再发酵，与蚯蚓争夺氧气，容易造成二氧化碳聚积、氧气不足，影响蚯蚓的生长发育。

在蚯蚓饲养过程中，应加强通风换气，疏松基料和饲料，保证有充足的氧气，从而可以维持蚯蚓新陈代谢旺盛。

(4)光照：蚯蚓对光线非常敏感，喜阴暗，惧怕强光照射，正常情况下白天伏在穴中不动，夜间进行掘土、摄食、交配等活动。人工室外养殖时要在饲养池上方搭棚遮光，防止日光直射。

(5)pH 值：蚯蚓对土壤的酸、碱度很敏感，在强酸、强碱的环境里不能生存，适宜的土壤 pH 值范围为 6～8。

此外，二氧化碳、氨、硫化氢、甲烷等气体对蚯蚓生存不利，这些有毒气体是有机质在发酵过程中产生的。另外，在养殖蚯蚓时还应防止农药对蚯蚓的毒害作用。

(6)养分：蚯蚓从基料、饲料所含的蛋白质、无机氮源、糖类、纤维素和木质素等物质中吸收氮素及碳素营养。此外，还需要吸收钙、钾、镁、钠、磷等矿物质元素。

4. 养殖场所

根据蚯蚓的生活习性和生长要求，养殖场应选择在僻静、温暖、潮湿、植物茂盛、天然食物丰富、没有污染等接近自然环境的地方。水源注意建在排灌方便、不容易造成旱涝灾害的地方。土质要选择柔软、松散并富含丰富的腐殖质的土壤为好。

5. 养殖方式

蚯蚓饲养场所可在室外饲养，也可在室内饲养。饲养场所应遮荫避雨，避免阳光直射，排水、通风良好，湿度适宜，环境安静，无农药和其他毒物污染，并能防止鼠、蛇、蛙、蚂蚁等的危害。

（1）缸养：在缸底钻 1～2 厘米圆孔用于排水，铺上 10 厘米厚的饲养土。

（2）箱或筐养：可利用包装箱、纸箱或塑料箱、柳条筐、竹筐等养殖。箱、筐的面积不超过 1 平方米。养殖箱的底部和侧面均应有排水、通气孔。排水、通气孔孔径为 0.6～1.5 厘米。

（3）床养：在地面上直接铺饲养土做成养殖床，养殖床面积 5～6 平方米大小，四周设宽 30 厘米，深 50 厘米的水沟，既可排水，又可做防护沟。

（4）池养：可利用屋角等闲置地方，建池养殖。在室内用砖砌成 5 平方米大小的方格池，高 25 厘米左右，垫上 10 厘米以上松土。或建成长 2 米、宽 2.5 米、深 0.4～0.5 米的池，或按行距 0.5 米左右一个挨一个地排列建造。

如果地下水位较高，可不挖池底，在地上用砖直接垒池。如果地势高而干燥，可向下挖 40～50 厘米深池，以利于保持池内的温度和湿度。

(5)箱式立体养殖：将相同规格的饲养箱重叠起来，可以进行立体集约化养殖。先做好木箱与架子。架子可用钢筋、角铁焊接或用竹、木搭架，也可用砖、水泥板等材料建筑垒砌。养殖箱长50厘米，宽35厘米，高25厘米左右，放在饲养架子上，一般放4～5层。在箱中垫10厘米以上松土，上面加盖透气的防逃网。养殖时，注意通风换气、调节温度与土壤湿度，保持土壤的清洁与室内卫生。

(6)沟槽养殖：选择背风遮荫处，开挖沟槽养殖。沟槽长10米，宽2米，深60～80厘米。沟的上面一侧稍低，一侧稍高，有一定的倾斜度。沟底铺15厘米厚的饲养土，沟上用薄膜、竹帘、塑料板等防雨材料覆盖，可放养3000～5000只蚯蚓。沟的表面四周应开好排水沟，沟底饲养土堆放成棱台形，以排水。

(7)田间养殖：选用地势比较平坦，能灌能排的桑园、菜园、果园或饲料田，沿植物行间开宽35～40厘米，深15～20厘米的沟槽，施入腐熟的畜禽粪、生活垃圾等有机肥料，上面用土覆盖10厘米左右，放入蚯蚓进行养殖。沟内应经常保持潮湿，但又不能积水。这种养殖方式不宜在种植有柑橘、松、枞、橡、杉、桉等的园林中开沟放养。

(8)简易堆料养殖：选择地势比较高、靠近水源又不积水的平地做养殖场。利用马、牛、羊粪或其他畜禽粪便再加入30%的干草料拌匀堆沤发酵而成堆料。将堆制好的饲料调节好湿度后铺于选定的地点，堆料宽1～1.2米，厚15厘米。均匀投入含卵块及幼蚓的蚓种，上面再覆盖厚5厘米的堆料。用薄膜覆盖。为防蚯蚓逃逸，用网目3毫米的尼龙网围护，或挖水沟围护。

6. 饲料

蚯蚓的养殖成功与失败，饲养基制作起着决定性作用，饲养基是蚯蚓养殖的物质基础和技术关键，蚯蚓繁殖的快慢，很大程度上决定于饲养基的质量。

饲养基有基料和添加料之分，基料是蚯蚓生活的基础之料，既是蚯蚓的栖身之所，又是蚯蚓的取食之地，而蚯蚓的添加料实际上是对基料中营养物质的补充，通过添加一些饲料，使蚯蚓繁殖更多、生长更快、产量更高、寿命更长。

(1)基料的制作：由于蚯蚓的基料具有食、宿双重功能，不同于投喂一般畜禽的投养料，故在饲料的选择、搭配、加工、调制以及投放饲喂等方面，均有一定的特殊性，应予以充分注意。

①基料的选择：蚯蚓所需要基料的原料比较广泛，大体上可分为粪肥类和植物类。

Ⅰ. 粪肥类：主要有厩肥和垃圾，如牛、马、猪、羊、鸡、鸭、鹅、鸽等畜禽粪便和城镇垃圾以及工厂排出的废纸浆末、糟渣末、蔗渣等。这些物质的蛋白质等营养成分比较高，生物活性也比较强，一方面可以满足蚯蚓生长繁殖所需要的营养成分；另一方面也容易促进真菌的大量繁殖和有机物的酶解，对蚯蚓的新陈代谢也有一定的帮助作用。

Ⅱ. 草料：主要有阔叶树树皮及树叶、草本植物、禾本植物等。在生产实践中，有一些杂物混入，不可能分别去化验鉴定，这就必须凭借嗅觉等感观加以辨别。我们通常收割的大豆、豌豆、花生、油菜、高粱、玉米、小麦、水稻等农作物的茎叶，山林地的树皮、树叶，水塘中的植物等都可以用做基料的原料。

凡含有强刺激性物质的植物不宜用做蚯蚓饲料，如松、柏、杉、枫、楝、樟树等树皮及叶子；草本植物、禾本科植物中的曼陀罗、毛茛、烟叶、艾蒿、苍耳、猫儿草、水菖蒲、颠茄和一枝蒿等。

②基料的加工：无论是基料还是添加料，堆沤发酵前必须进行加工处理，以提高发酵质量。植物类饲料如杂草、树叶、稻草、麦秸、玉米秆、高粱秆等，须铡切成1厘米长的小段；蔬菜、瓜果、屠宰场下脚料等，要剁成小块，以利蚯蚓采食。生活垃圾等有机物，须剔除砖石、碎瓦、橡胶、塑料、金属、玻璃等废物以及对蚯蚓有毒害作用的物质，然后加以粉碎，以能通过4目筛为宜，其中能通过18目筛的粉料不超过20%，以保证基料的通透性。

③基料的配方：基料的配方较多，可根据养殖不同的蚯蚓种类以及原料不同具体选择不同配方。小批量养殖蚯蚓的农户，可因地制宜从下列简易配方中选用1～2则，调制成基料。

配方一：牛粪、猪粪、鸡粪各20%，稻草40%。

配方二：玉米秆或麦秸、花生藤、油菜秆混合物40%，猪粪60%。

配方三：马粪80%，树叶、烂草20%。

配方四：猪粪60%，锯木屑30%，稻草10%。

配方五：畜粪30%，有机垃圾70%。

配方六：人粪30%，畜禽粪40%，甘蔗渣30%。

配方七：鸡粪50%，森林灰棕土50%。

配方八：有机堆肥50%，森林灰棕土50%。

配方九：鸡粪35%，木屑30%，稻谷壳35%。

配方十：猪粪 30%，蘑菇渣 70%。

在有造纸厂污泥排放的地方，采用下列配方调制基料更为经济实惠。

配方一：含水率 85%的造纸污泥 80%，干牛粪 20%。

配方二：造纸污泥 40%，乳酸饮料厂活性污泥 40%，木屑 20%。

配方三：造纸污泥 71%，纤维废品 8%，锯木屑与干牛粪的混合物 21%。

配方四：造纸污泥 50%，牛瘤胃残渣 30%，木屑 20%。

采用上述配方调制基料时，可以就地取材利用水果皮屑、蔬菜烂叶、米糠、家禽饲料或牧草等调制成添加料，效果甚佳。

不论采用何种配方合成的基料，经过充分发酵腐熟后，要求达到“松、爽、肥、净”。“松”，即松散，不结成硬团，抓之成团，掷地即散。“爽”，即清爽，不粘连，不呈稀糊状，无腐臭味，一倾即下，一耙即平，pH 值为 6～7。“肥”，即养分肥沃，含粗蛋白质 10%以上，粗脂肪 2%以上，还含有多种矿物质、维生素。“净”，即干净，无病毒、病菌、瘿蚊、霉虫等病原体及生料、杂物。

④基料的配置

Ⅰ. 基料堆沤的操作方法：基料的沤制发酵通常采用堆积方式，既便于操作，又利于升温、保温和防雨。料堆的形状和大小，因地区、天气而异。干燥季节，堆成平顶稍呈龟背状即可。在多雨季节，宜堆成圆顶形。如天气干燥，料堆横截面为梯形；多雨季节，则采用半圆形横截面，以利雨水从料堆顶部顺畅排泄。

料堆的高度为 1.2～1.8 米，底部有通气管道的，可增至

1.9～2.7米。如料堆过高,不便于翻动操作,还会因其自重偏大使其中孔隙率减少,形成缺氧的不良状态;如料堆太低,则热量容易散发,难以形成足够的高温,不能杀灭病菌、虫卵及杂草种子。

料堆由草料、粪料组成,另加适量泥土。草料层厚6～9厘米,粪料层厚3～6厘米。每铺1层草料,上面铺1层粪料。如此交错铺放3～5层后,在顶部浇淋清水,直至料堆底部有水渗出。然后继续交替铺放草料、粪料3～5层,再浇水,直铺至预定高度。料堆顶部用塑料薄膜、苇帘、草帘、杂草、麦秸或稻草覆盖,以利保温、防止堆内水分蒸发和雨水灌入。

如果天气温暖,堆料后第二天,堆内温度会逐渐上升,表明已开始发酵。7天后,料堆中的有机物加速分解、发酵,早、晚时分可见料堆顶部冒出"白烟"。料堆内部温度升至最高值之后,便逐渐降温,当料堆内部温度降至50℃时,进行第一次翻堆操作。

翻堆的目的是改善料堆内部的通气状况,彻底排出缺氧条件下产生的有害气体,调节料堆水分,促进微生物生长、繁殖,让料堆各部分发酵均匀一致,最终获得全部充分腐熟的合格饲料。翻堆操作时,应把料堆下部的饲料翻到上部,四边的饲料翻到中间,把草料、粪料充分抖松、拌匀。

翻堆时,要酌情淋足水分,要求翻堆之后料堆四周有少量水流出;用手捏饲料,以指缝间能挤出3～4滴水为宜。如发现料堆养分不足,可用猪尿、牛尿代替清水浇淋。

第一次翻堆后1～2天,料堆温度急剧上升,可达75℃以上。6～7天之后,料温开始下降。这时可进行第二次翻堆,并将料堆宽度缩小20%～30%。由于粪草经过初步发酵,部分腐熟，容易吸收水分，乍看去似乎湿度不够，此时切勿加水过多(只须加至用手紧捏饲料，指缝能挤出 2～3 滴水即可)，否则容易造成饲料变黑、变黏、变臭，且料堆温度上不去。第二次翻堆前后，由于粪草养分已部分分解，要注意妥善覆盖，严防雨水侵入料堆，造成养分流失。

第二次翻堆之后，料温可维持在 70～75℃。5～6 天后，料温下降，需进行第三次翻堆，并将料堆宽度再缩小 20%。

这时粪草已进一步熟化，草质变软，粪料与草料已拌匀。翻难时，尽量把粪草抖开呈疏松状态。如果发现水分偏少(用手紧捏饲料，指缝未见水滴溢出)，则适当浇淋清水，不再浇猪尿、牛尿，以免做基料时氨气太浓，不利于蚯蚓摄食。如果料堆水分偏多(用手紧捏饲料，指缝溢水 4～5 滴)，应选择晴天翻难，尽量摊晾粪草，以减少水分。

第三次翻堆后 4～5 天，进行最后 1 次翻堆，不再浇水，把粪草进一步抖松、拌匀即可。

按照上述方法实施，正常情况下 1 个月便可完成粪草堆沤发酵过程，获得充分腐熟的蚯蚓饲料。

Ⅱ. 质量鉴定：堆沤腐熟的粪草呈黑褐色或咖啡色，无异味，质地松软，不黏滞，即为发酵良好的合格饲料。然后取少量粪草堆放于饲养盆中，投入成年蚯蚓 200 条。如半小时内全部蚯蚓进入正常栖息状态，48 小时内无逃逸、无骚动、无死亡，表明这批饲料堆沤合格，可以用于饲养蚯蚓。

必要时，可以采用石蕊试纸测试法(称取待测的粪草样品 5 克，加入冷开水 10 毫升，搅匀，澄清。用 pH 值范围为 5.5～8 的市售石蕊试纸，蘸上澄清液，观察比较，即可知其 pH 值)。如测定饲料样品的 pH 值为 6～7，表明酸碱度适宜，否则必须加以调节。当 pH 值超过 7.5 时，可利用醋酸作为缓冲剂，添加量为饲料总重的 0.01%～1%，不得超过 1%，否则会影响蚯蚓的产茧能力。当 pH 值小于 6 时，可加入饲料总重 0.01%～0.5%的磷酸氢二铵，使饲料的 pH 值调整为 6～7。

Ⅲ. 注意事项：在堆料发酵过程中，由于环境条件限制或操作不当等，可能出现下列不正常情况，应及时采取有效措施予以纠正。

• 高温天气，料堆干燥，耐高温的放线菌繁殖过于旺盛，会造成粪草养分的无谓消耗。故翻堆时应适当浇水，保证粪草有足够的含水量。

• 如料堆宽度不足，加上草料偏多，堆得过于松散，经过风吹日晒，粪草水分迅速蒸发，造成微生物繁殖率低，料堆升温缓慢。为此，应加大料堆宽度，将草料拍压紧实，加足水分，便可使发酵转为正常。

• 粪料偏多，料堆拍压太紧，透气不良，导致厌氧发酵，升温缓慢，容易形成不良气体，使部分粪草变黑、变黏、变臭。应在翻堆时，将料堆宽度适当缩小，把粪草抖松，增加透气性，便可恢复正常发酵。另一个有效措施是，翻堆成型时将老干木棍或毛竹插入料堆深处，然后轻轻拔出，使料堆内部形成若干通气洞，有助于消除厌氧发酵状态。

(2)添加料的配制：蚯蚓的添加料实际上是对基料中营养物质的补充，通过添加一些饲料，达到蚯蚓繁殖更多、生长更快、产量更高、寿命更长的目的。

①添加料的配制要求

Ⅰ. 幼、种蚯蚓饲料的配制要求：幼蚯蚓的消化系统还比较脆弱，其砂囊肉质厚壁还没有完全形成，不具有磨碎食物的能力。种蚯蚓由于担负繁殖的重任，其采食量也会增加，因此其饲料和幼蚯蚓基本相同。总体要求是：饲料要细腻，一般在30～40目；经过严格发酵后绵软，无硬颗粒；可塑性较强，而不粘连；不腐、不臭，无其他异味。

Ⅱ．中、成蚯蚓饲料的配制要求：中、成蚯蚓的饲料配制相对幼、种蚯蚓的饲料配制要粗放一些，一般来讲，只要食而不剩，余而不腐即可。总体要求是：细度在20～30目，不腐、不臭，无较大颗料即可。

②添加料配制中的原料选择：由于基料中存在蚯蚓生长繁殖所需要的营养物质，但是随着饲养时间的增长，基料中的营养物质已不能适应蚯蚓生长繁殖所需要的营养，尤其在成蚓的后期育肥阶段，补充饲料就显得更加重要。补充的饲料主要有植物性原料（谷物类的能量饲料，如大米、小麦、高粱、玉米、谷子等）、豆类饲料（如大豆、红豆、绿豆等）、饼粕类饲料（如豆饼、豆粕、花生饼、芝麻饼、棉籽饼、菜籽饼等）、动物性原料（如宰杀场废水、淤泥、肠动膜、肉皮洗刷水、鱼肠、虾糠、饭店潲水等）、矿物质原料和维生素原料等。

③添加料的配制

Ⅰ．幼蚓及种蚓阶段

配方一：豆饼5%，豆腐渣40%，棉籽饼10%，大豆粉5%，次面粉10%，麦麸20%，肉骨粉10%。另按混合料总量添加复合氨基酸0.2%，复合矿物质0.08%，复合维生素0.4%。

配方二：发酵鸡粪30%，残羹沉渣25%，菜籽饼18%，豆渣17%，次面粉8%，鱼粉2%。另按混合料总量添加糖渣15%，米酒曲0.4%，复合维生素0.3%，复合矿物质、复合氨基酸各0.1%。

以上2个配方制作时，先将原料粉碎至细度16目，混匀，加入米酒曲粉末，加水拌至含水率达40%～50%，以手捏能成团、掷地即散为宜。将混合物置于20～26℃温度下发酵24～36小时，直到有酒香气逸出为止。最后将3种复合添加剂以水拌成稀糊状，与主体混合料拌匀即成。

Ⅱ.中蚓(1～2月龄)阶段

配方一：发酵鸡粪40%，红薯粉20%，棉籽饼、菜籽饼、米糠各10%，酒糟8%，鱼骨粉2%。另按混合料总量添加糖渣(或蔗糖)15%，复合氨基酸0.15%，复合矿物质0.05%，复合维生素0.2%。

配方二：酒糟30%，废肠黏膜、米糠各20%，潲水沉渣15%，玉米粉5%，芝麻饼10%。另按混合料总量添加米酒曲0.4%，复合氨基酸、复合维生素各0.2%，复合矿物质0.08%。

中蚓添加料的制作方法与幼蚓大致相同。

Ⅲ.成蚓阶段

配方一：发酵鸡粪50%，酒糟27%，米糠10%，菜籽饼、大豆粉各5%，鱼粉3%。另按混合料总量添加米酒曲0.3%，复合氨基酸0.15%，复合矿物质0.18%，复合维生素0.2%。

配方二：酒糟50%，棉籽饼、次面粉、玉米粉各10%，蚕豆粉、潲水沉渣、肉骨粉各5%，蚕蛹粉3%，鱼粉2%。另按混合料总量添加米酒曲0.25%，复合矿物质、复合维生素各0.1%。

配方三：发酵鸽粪50%，糖渣30%，果皮、棉籽饼各10%。另按混合料总量添加复合氨基酸0.15%，复合矿物质

0.18%,复合维生素 0.1%。

配方四:废鱼下脚料 20%,豆腐渣 60%,米糠 8%,次面粉 10%,残羹沉渣 2%。另按混合料总量添加复合氨基酸、复合矿物质各 0.18%,复合维生素 0.08%。

配方五:潲水沉渣 60%,豆腐渣 20%,草籽饼 10%,次面粉 4%,鱼粉 5%,蔗糖 1%。另按混合料总量添加复合氨基酸 0.2%,复合矿物质 0.18%,复合维生素 0.08%。

成蚓添加料,除配方一、配方二与幼蚓添加料的制法相同外,其余 4 个配方均可现配现用,最好先加适量清水,静置 48 小时,经搅拌充分释放气泡之后使用。

7. 饲养管理

(1)蚓种采集

①蚓种选择:饲料用蚯蚓,可采用环毛蚓、背暗异唇蚓、赤子爱胜蚓、红正蚓等,这些蚯蚓生长发育快。

②引种:引种主要指从外地养殖场或蚯蚓种场直接购进蚯蚓种品种。蚯蚓良种主要有太平 2 号、北星 2 号、赤子爱胜蚓、威廉环毛蚓。

也可采集野生蚯蚓做种。野外采种时间,北方地区 6～9 月份,南方地区 4～5 月份和 9～10 月份。选择阴雨天采集。蚯蚓喜欢生活在阴暗、潮湿、腐殖质较丰富的疏松土质中。野外采集蚯蚓种方法有。

Ⅰ. 扒蚯蚓洞:直接扒蚯蚓洞采集。

Ⅱ. 水驱法:田间植物收获后,即可灌水驱出蚯蚓;或在雨天早晨,大量蚯蚓爬出地面时,组织力量,突击采收。

Ⅲ. 甜食诱捕法:利用蚯蚓爱吃甜料的特性,在采收前,在蚯蚓经常出没的地方放置蚯蚓喜爱的食物,如腐烂的水果等,待蚯蚓聚集在烂水果里，即可取出蚯蚓。

Ⅳ. 红光夜捕法：利用蚯蚓在夜间爬到地表采食和活动的习性，在凌晨3～4点钟，携带红灯或弱光的电筒，在田间进行采集。

③蚓种处理：无论是野外采集的蚯蚓种还是外地直接引种，都要经过药物处理、隔离饲养和选优去劣：

Ⅰ. 药物处理：用1%～2%福尔马林（甲醛）溶液喷洒在蚯蚓种体上，5小时后再喷洒1遍清水。

Ⅱ. 隔离饲养：将药物处理过的蚯蚓种放入单独的器具中饲养，经过1周的饲养观察，确认无病态现象，才可放入饲养室或饲养架内饲养。

Ⅲ. 选优去劣：挑选个体体型大，健壮，活泼，生活适应性强，生长快，产卵率高的蚯蚓作为优种单独饲养。

（2）投放蚓种

①饲养密度：蚯蚓生活史包括繁殖期、卵茧期、幼蚓期和成蚓期。养殖时，前期幼蚓个体小、活动弱，饲养密度每平方米5万～6万条；后期幼蚓个体长大，活动增强，应扩大养殖面积，每平方米1.5万条左右。

在适宜的条件下，威廉环毛蚓、赤子爱胜蚓饲养密度为每平方米2万条左右。

②饲料厚度：饲料厚度18～20厘米。冬季饲料厚度可加厚到40～50厘米。

③投种方法

Ⅰ. 投放成蚓：将蚓种放入饲料内，使其大量繁殖，每隔10～15天即可收取蚯蚓。

Ⅱ. 蚓茧孵化：收集养殖床内的蚓茧，投放在其他的养殖床内孵化。

蚓茧的收集方法如下。

方法一：将原饲料从床位内移开，新饲料铺在原来床位内，再将原饲料（连同蚯蚓）铺在新料之上。待成蚓为取食新饲料而钻到下面的新饲料层后，取上面的含蚓茧的旧饲料。

方法二：在原饲料床两侧平行设置新饲料床，经 2～3 昼夜或稍长时间后，成蚓自行进入新饲料床。将原料床连同蚓茧和幼蚓取出过筛或放在另外的地方继续孵化。

方法三：收集蚓粪，蚓粪中往往含有许多蚓茧。将含有蚓茧的蚓粪摊开风干，不要日晒。待含水量为 40%左右时，用孔径 2～3 毫米的筛子将蚓粪过筛。筛上物（粗大物质和蚓茧）另置一床，加水至含水量为 60%左右，继续孵化。

（3）饲养管理

①创造适宜养殖环境：根据蚯蚓生活习性、日常要保持它所需要的适宜湿度和温度，避免强光照射，环境要安宁。冬季应加盖稻草或塑料薄膜保温，夏季遮阳，并洒水降温，保持空气流通。料床温度宜保持在 20～25℃。料床要保持一定湿度，但又不能积水。一般每隔 3～5 天浇 1 次水，使料床绝对湿度保持在 37%～40%，底层积水不超过 1～2 厘米。养殖床上面可加盖。晚上开灯，防止蚯蚓逃走。

②保持饲料床含氧量：蚯蚓耗氧量较大，需经常翻动料床使其疏松，或在饲料中掺入适量的杂草、木屑。如料床较厚，可用木棍自上而下戳洞通气。

③适时投料：在室内养殖时，养殖床内的饲料经过一定时间后逐渐变成粪便，必须适时给予补料。

Ⅰ．上投法：当养殖床表层的饲料已粪化时，将新饲料撒在原饲料上面，厚约5～10厘米。

Ⅱ．下投法：将原饲料从床位内移开，新饲料铺在原来床位内，再将原饲料（连同蚯蚓）铺在新料之上。

Ⅲ．侧投法：在原饲料床两侧平行设置新饲料床，经2～3昼夜或稍长时间后，成蚓自行进入新饲料床。

④定期清除蚯蚓粪便：清理蚯蚓粪的目的，是减少养殖床的堆积物，并获得产品，清理时要使蚓体与蚓粪分离。对早期幼蚓，可利用其喜食高湿度新鲜饲料的习性，以新鲜饲料诱集幼蚓；对后期幼蚓、成蚓和繁殖蚓可用机械与光照及逐层刮取法分离，即用铁耙扒松饲料，辅以光照，使蚯蚓往下钻，再逐层刮取残剩饲料及蚓粪，最后获得蚯蚓团。

⑤适时分养：在饲养过程中，种蚓不断产出蚓茧，孵出幼蚓，而其密度也随着增大。当密度过大时，蚯蚓就会外逃或死亡，因此必须适时分养。

8. 病害防治

蚯蚓是一种生命力很强的动物，常年钻在地下，疾病很少，只有几种病，而且是环境条件或饲料条件不当而造成的“条件病”。

（1）饲料中毒：一是基料发酵不彻底，使用后由于继续发酵而产生有毒气体，如硫化氢、甲烷等；二是基料使用过久，其透气性降低，使蚯蚓缺氧，同时厌氧性腐败菌、硫化菌等毒菌发生作用。患病的蚯蚓局部甚至全身急速瘫痪，背部排出黄色或草色体液，大面积死亡。

防治方法：迅速减薄料床，将有毒饲料撤去，钩松基料，加入蚯蚓粪吸附毒气，让蚯蚓潜入底部休息，慢慢就可好转。

（2）蛋白中毒：饲料中含有大量淀粉、碳化水合物，或含盐分过高，经细菌作用引起酸化，导致蚯蚓胃酸过多。患病的蚯蚓的蚓体有局部枯焦，一端萎缩或一端肿胀而死，未死的蚯蚓拒绝采食，并明显出现消瘦。

防治方法：发现蛋白质中毒症后，要迅速除去不当饲料，加喷清水，钩松料床或加缓冲带，以期解毒；彻底更换基料。在基料中增加纤维性物质，清除重症蚯蚓。

(3)缺氧症：粪料未经完全发酵，产生了超量氨、烷等有害气体；环境过干或过湿，使蚯蚓表皮气孔受阻；蚓床遮盖过严，空气不通。患病的蚯蚓体色暗褐无光、体弱、活动迟缓，这是氧气不足而造成蚯蚓缺氧症。

防治方法：应及时查明原因，加以处理。如将基料撤除，继续发酵，加缓冲带。喷水或排水，使基料土的湿度保持在30%～40%，中午暖和时开门、开窗通风或揭开覆盖物，加装排风扇，这样就可得到解决。

(4)酸中毒：基料或饲料中含有较高淀粉和碳水化合物等营养物质，这些物质在细菌的作用下极易使基料和饲料酸化。蚯蚓长期食用被酸化的基料和饲料，身体内的酸碱度就会失去平衡，其恶化的结果形成胃酸过多症。发病初期表现为食欲减退，体态瘦小，基本上停止产茧。如果基料中酸性物质较多(pH 值低于 5)，蚯蚓就会出现全身性痉挛，环节红肿，体表液增多。严重时表现为体节变细、断裂，最后全身泛白而死亡。

防治方法：用清水浇灌基料，将基料中酸性物质排出，注意基料的通风透气；根据酸性的 pH 值，用一定量的苏打水或熟石灰进行喷洒中和；彻底更换基料。

(5)蚁害的防治：蚯蚓蚁害的防治方法同黄粉虫的蚁害

防治。

(6)壁虱的防治:壁虱又名粉螨,在高温、高湿、饲料丰富的环境中繁殖极快。它们叮咬蚯蚓,使之消瘦致死。

防治方法:可取一块有色塑料薄膜铺放于饲养床基料上,几分钟后壁虱便爬到薄膜上。于下午3时以后气温20℃以上时,喷洒0.5%的敌敌畏药液,用塑料薄膜覆盖。如发现少数壁虱尚未杀死,再喷洒3次药液。最后将被药液污染的表层基料清除、摒弃,以免危害蚯蚓。

9. 采收

收取成蚓可以与补料、除粪结合起来进行,具体方法如下。

(1)光照下驱法:利用蚯蚓的避光特性,在阳光或灯光的照射下,用刮板逐层刮料,驱使蚯蚓钻到养殖床下部,最后蚯蚓聚集成团,即可收取。

(2)甜食诱捕法:利用蚯蚓爱吃甜料的特性,在采收前,可在旧饲料表面放置一层蚯蚓喜爱的食物,如腐烂的水果等,经2~3天,蚯蚓大量聚集在烂水果里,这时即可将成群的蚯蚓取出,经筛网清除杂质即可。

(3)水驱法:适于田间养殖。在植物收获后,即可灌水驱出蚯蚓;或在雨天早晨,大量蚯蚓爬出地面时,组织力量突击采收。

(4)干燥逼驱法:对旧饲料停止洒水,使之比较干燥,然后将旧饲料堆集在中央,在两侧堆放少量适宜湿度的新饲料,约经2天后蚯蚓都进入新饲料中。这时取走旧饲料,翻倒新饲料即可捕捉。

(5)笼具采收法:用孔径为1~4毫米的笼具,笼中放入蚯蚓爱吃的饲料。将笼具埋入养殖槽或饲料床内，蚯蚓便陆续钻入笼中采食，待集中到一定数量后，再把笼具取出来即可。

10. 直接饲用

活体蚯蚓在利用之前，必须进行消毒灭菌处理。首先将活体蚯蚓在清水中漂洗2次，除去蚓体上的黏液及污物；然后将其浸入5000倍的高锰酸钾溶液中3～5分钟即可捞起直接投放于地鳖虫养殖池中。

11. 干制

蚯蚓粉是将鲜蚯蚓冲洗干净后，将其烘干、粉碎，既可成为蚯蚓粉，也可以与其他饲料混合，加工成复合饲料，可以较长时间地保存和运输。

第三节 饲料的贮藏

1. 精饲料的贮存

精饲料是指麦麸、米糠、高粱粉、玉米粉等，一般经过加热炒香后按配方比例混合后装入塑料袋内保存，每次取料后扎紧袋口。加工后的精饲料冬季可在1个月内，夏季可在15天左右内用完。

2. 青饲料的贮存

青饲料最好当天割当天打浆使用，如果条件不允许，储存也不要超过3天。

另外，可将吃不完的青饲料及时晒干，减少其中水分后储存，使用时加工草粉即可。

3. 动物蛋白质类饲料的贮存

动物蛋白质饲料，如蚕蛹、肉骨粉、鱼粉、骨粉等可采用塑料袋贮存。为防止受潮发生热霉变，用塑料袋装好后封严，放置干燥、通风的地方。

4. 饼粕类饲料的贮存

饼粕类饲料富含蛋白质、脂肪等营养成分，表层无自然保护层，因此容易发霉变质，耐贮性差。

大量饼状饲料贮存时，采用堆垛方法存放。堆垛时，先平整地面，并铺一层油毡，也可垫 20 厘米厚的干沙防潮。饼垛应堆成透风花墙式，每块饼相隔 20 厘米，第二层错开茬位，再按第一层摆放的方法堆码，堆码不超过 20 层。刚出厂的饼粕水分含量高于 5%，堆垛时要堆 1 层油饼铺垫 1 层隔物，如干高粱秸或干稻草等，也可每隔 1 层加 1 层隔物，以通风、干燥、散湿、吸潮。

饼类饲料因精加工后耐贮性下降，因此生产中要实行随即粉碎随即使用。

第四章 地鳖虫的生长发育与繁殖

地鳖虫繁殖有一定的技术性，饲养者只有掌握了地鳖虫的繁殖技术，为其提供优越的生活条件，才能提高繁殖力，从而创造较高的经济效益。

第一节 地鳖虫的生活史

地鳖虫具有变温动物的共同特性，即在 1 年的生长发育周期中，随着气候的变化而表现出不同的生活方式。在人工养殖时要充分了解和认识这一特点，在实际饲养过程中加以掌握，即可达到事半功倍的效果。在我国大部分地区，野生地鳖虫在自然状态下，1 年中可分为休眠期、生长期、填充期、复苏期 4 个阶段。

1. 生长期

从清明到白露（150～160 天），是地鳖虫全年营养生长和生殖生长的最好时期，故称为生长期。

每当"清明"前后，气温逐渐回升，气候逐渐转暖，昆虫开始复苏出蛰，野生地鳖虫的天然适口食物随之逐渐增多，消化能力也随着气温的升高而不断增强，活动范围和活动量也日渐加大。在此期间，以"夏至"至"处暑"活动最为活跃，取食量增大，新陈代谢最为旺盛，是营养生长和生殖生长的高峰时期。

2. 填充期

从“秋分”至“霜降”期间(45～50 天)，是地鳖虫积累和贮存营养，为进入冬眠进行生理准备的阶段，故称为填充期。

秋分以后，气温逐渐下降，地鳖虫在此期间内食量猛增，并把所获取的脂肪性营养贮积起来，以便供给在休眠期和复苏期内的营养消耗。与此同时，又用不同方法促使体内液体浓缩，巧妙地完成躯体的脱水，使它在休眠期内不至于结冰冻死。

3. 休眠期

从“立冬”至“雨水”(120～130 天)，此期间地鳖虫的生长发育完全停滞，新陈代谢降到最低水平，进入蜷伏休眠状态，以安全度过不良环境条件，故称为休眠期或蛰伏期。

“霜降”以后天气已经转冷，随着气温的不断下降，地鳖虫的活动渐渐地减少，秋末冬初停止寻食，背朝上，腹朝下潜伏于距地面 10～20 厘米深的土壤中入蛰冬眠。当气温回升到 20℃时，少量地鳖虫的便开始蠕动或爬出土表层取食。在整个休眠期间，它的新陈代谢水平很低，仅维持其生命的需要，生长发育完全停止。

由于各地区的季节性温度不完全相同，故各地区分布的地鳖虫的入蛰期也有所不同。如长江以南的江浙地区，大约从 11 月中旬入蛰，到翌年 2 月上旬出蛰；陕北的延安和榆林地区则在 10 月上旬入蛰，到翌年 4 月中、下旬开始出蛰；广西南宁地区在 11 月下旬入蛰，到翌年的 3 月上旬出蛰。

4. 复苏期

从“惊蛰”至“清明”(30～50 天)，此时严冬已过，暖春将临，处于休眠状态的野生地鳖虫开始苏醒出蛰，故称为复苏期。

“惊蛰”以后，气温开始上升，地鳖虫便由静止状态逐渐转入活动状态，此过程即为复苏。但由于早春气温偏低且昼夜温差较大，这时地鳖虫的消化能力和代谢水平还较低，其活动时间和范围也都不大，食量也不大，生长发育仍处于停止阶段。

第二节　地鳖虫的生长发育

地鳖虫是不完全变态昆虫，它完成一个世代经历 3 种形态，即成虫→卵鞘→幼虫(若虫)，即比完全变态昆虫少一个蛹期。体色变化由白色→米黄色→棕褐色→深褐色→雌成虫黑褐色(雄成虫淡灰色)。在一般情况下，地鳖虫完成一个世代需要 2～4 年(金边地鳖虫完成一个世代约需 1 年的时间)。

地鳖虫生长发育过程中要经过多次蜕皮，每蜕皮 1 次虫体要长大一个档次，每蜕皮 1 次，地鳖虫增加 1 个虫龄。刚孵化的若虫为 1 龄若虫，经过 8～15 天后第一次蜕皮，称为 2 龄虫，以后每隔 20～25 天蜕皮 1 次，即增加一龄，每增加一龄其身体比原来相应增加 0.5 倍左右。蜕皮的间隔时间大、小虫有差异，幼小若虫期间隔时间短些，大龄若虫期间隔时间长一些；雌性若虫短一些，雄性若虫长一些。若虫蜕皮与环境温度有密切关系，幼龄若虫期气温低于 18℃、中龄若虫期气温低于 21℃、老龄若虫期气温低于 24℃都不能蜕皮。

若虫从卵鞘中孵出生长发育到成虫，雌虫连续生长需要9～11个月(不包括冬眠期)，雄虫为7～9个月。由于若虫体质强弱的差异，同一环境中，生长也有快慢。以中华真地鳖为例，在正常情况下，刚孵出的若虫平均体重0.005克/只，1月龄平均体重0.016克/只，2月龄平均体重0.043克/只，3月龄平均体重0.086克/只，4月龄平均体重0.159克/只，5月龄平均体重达0.317克/只，6月龄平均体重1.131克/只，8月龄平均体重1.612克/只。

在相同的环境条件下，同一时期孵出的若虫长成成虫的时间不一样，雄虫比雌虫提前1个月左右。在自然条件下，雄性若虫经过7～9次蜕皮，为8～10龄，历时270～320天；雌性若虫经过9～11次蜕皮，为10～12龄，历时500天左右，即成年地鳖虫，可以繁殖后代。雌虫在交配后7天开始产卵，完成一个世代。

在人工加温饲养条件下连续生长10～11个月可以达到性成熟，人工养殖的地鳖虫寿命一般在2～4年。野生地鳖虫由于环境、食物及天敌的原因，其寿命相对短些。

第三节 地鳖虫的人工繁殖

通常情况下，引进成虫或卵鞘都可以繁殖。但若从运输方面考虑，如果远距离引种还是应选择引种卵鞘，因为地鳖虫在长途运输过程中惊吓或翻动时，容易造成肢体的伤残，直接影响到种虫的利用率，甚至导致死亡。而卵鞘在运输过程中，只要保持一定的湿度，就不会影响卵鞘的孵化率。如近距离运输时引进种用地鳖虫成虫或卵鞘都不会造成太大的影响。

若从经济效益方面考虑，引卵鞘则繁殖周期长，从卵鞘孵化到长成成虫约需 1.5 年，而直接引进成虫，可在第二年即可繁殖多量的地鳖虫，在第三年则可以出售见效益。

一、引种前的准备

在地鳖虫投放前对饲养室、饲养池、各种设备、用具要进行 1 次卫生处理和全面消毒，这是减少地鳖虫病虫害的重要环节。

1. 清理、检查场地

(1)准备好多个养殖池，以供地鳖虫进行分级养殖。

(2)清理杂物，打扫卫生。

(3)对饲养池中的各种缝隙、洞穴，要用水泥抹平。

(4)检查饲养室的通气窗户和通气口，纱窗是否完好，以防蜘蛛、壁虎和其他有害动物的入侵。

(5)在引种前养殖池中必须铺好饲养土，并按标准要求调节好湿度。

(6)认真检查一下饲养室内的温度调节措施是否到位，一切准备妥当后要对饲养室进行消毒处理。

2. 消毒处理

(1)通风换气：通风换气本身并不能杀死病原微生物，但是却能使室内空气中病原微生物变得稀少，降低发病率。

在没有实行加温的饲养室或春、夏、秋季室外空气温度较高的情况下，每天打开门窗，加大通风量，在半小时内就可以净化空气。在冬季下午 1～4 点室外空气温度相对较高的情况下，可先把室内温度升高 3℃左右，打开小窗透气，在室内温度降至原来所控制的温度时，关闭小窗。这样在不影响室内温度大起大落的情况下，每天换气 1 次。

(2)日光照射：日光中紫外线能杀死细菌和虫卵，具有很好的消毒作用。能搬动的设备和用具，放在日光下暴晒，可以起到杀菌作用。

(3)化学药品消毒：常用的消毒剂有漂白粉、福尔马林(40%的甲醛溶液)、来苏儿、新洁而灭、石灰、铜制剂等，目前用于空间消毒的有百毒杀、菌技杀等。

①空间消毒：每立方米空间用 1%漂白粉溶液 10～30 毫升，对空间喷雾消毒；百毒杀、菌技杀是新型空气消毒剂，使用时配制浓度按说明书要求。

②地面、墙壁和饲养池消毒：用 10%～20%石灰乳粉刷墙壁消毒；1%～2%福尔马林溶液，对墙壁、屋顶、池壁进行喷洒消毒；3%～4%来苏儿溶液对墙壁、屋顶、饲养池消毒；1%新洁而灭对墙壁喷洒消毒，干燥后即可投入使用。

③用具消毒：用 0.1%～0.2%硫酸铜溶液或氯化铜溶液可杀灭用具上的真菌；0.01%硫酸铜或氯化铜可以对用具上的细菌进行消毒；0.1%～0.2%高锰酸钾溶液，可对用具浸泡消毒。

3. 灭虫

地鳖虫的天敌很多，常在室内生存的有蚂蚁、蜘蛛、鼠妇、蟑螂、螨虫等。用来灭虫的方法有以下几种。

(1)药物喷洒灭虫：用药物杀虫时，应选择残效期短的药物，如敌敌畏、螨死净等。80%的敌敌畏乳油稀释 1000 倍，对墙壁、地面、屋顶、饲养池喷洒可消灭害虫，喷洒操作时要特别注意角落和一些缝隙，喷洒后关好门窗，3 天后打开门窗换气，然后使用；对蜘蛛和螨虫可使用 50%螨死净悬浮剂 5000

倍液，进行全面喷雾，关好门窗；3 天后开窗通风换气，气味散尽方可使用。

(2)熏蒸杀虫：熏蒸灭虫效果最好、最彻底，墙角、缝隙烟雾都能熏到。使用熏蒸灭虫时要做好杀虫空间的密封，并做好防止周围人群和家畜、家禽中毒的工作。

①磷化氢气体熏蒸：可用磷化铝片每立方米空间 3～4 片加水，密闭 3 天后打开门窗通风换气，再过 5～6 天，残留毒气散尽方可投入使用。磷化氢气体有剧毒，使用时必须注意安全。磷化氢气体有咸鱼味或大蒜味，开门散气 5～6 天后，进室若仍然闻到这种气味，要继续放气，直至无味为止，以防止中毒。

②80%的敌敌畏乳油熏蒸：把 80%的敌敌畏乳油按每立方米空间 0.26 克，用布条浸蘸药液，挂在饲养室内，密闭饲养室 2 天后开门窗散气，再过 3～5 天若无敌敌畏气味方可使用。

二、种地鳖虫的来源

种地鳖虫的来源有 2 种，一是捕获本地野生地鳖虫做种；二是从已经饲养成功的个人或单位购买。

(一)本地野生地鳖虫的捕捉

1. 捕捉时间

野生条件下的地鳖虫，在我国南方地区每年 4 月上、中旬，气温升高到 10℃以上时，开始出土活动；到 11 月上、中旬，气温降到 10℃以下时，入土冬眠。北方地区，每年 5～6 月开始出土活动，9～10 月陆续入土冬眠。因此，在自然界采集地鳖虫，应按照它们栖息场所和出土活动期间进行采集。

2. 捕捉工具

凡是广口容器都可以用来做诱捕工具，如盆、钵、筒、瓶等，根据自己的条件选用。

3. 捕捉方法

野外采集地鳖虫的方法有直接捕捉法和食物诱捕法，这2种方法在实践中应用较多，养殖者可根据具体情况自行选择。

（1）直接捕捉法：根据野生地鳖虫喜欢生活在阴暗、潮湿、腐殖质丰富的、土质肥沃疏松的土中活动。

在室外，地鳖虫喜欢在枯枝落叶腐蚀的树根及阴暗潮湿的石砖缝下较疏松的土中活动；在室内，主要栖息在厨房墙角的疏松土中、禽舍、畜舍、柴草堆下、碾米房、食品厂及榨油坊等地方堆积的虚土中。在这些地方仔细观察都能见到地鳖虫活动时留下的足迹，如排泄的粪便、觅食留下的残渣、卵鞘在地面拖过的痕迹以及卵鞘等。

找到地鳖虫栖息的地方后，可将地鳖虫栖息处旁的物体搬开，便可扒土捕捉，捕捉时动作要快，手脚要轻，以免地鳖虫受惊逃跑。此方法常可将种虫、卵鞘和若虫一起捕得。

（2）食物诱捕法：将炒出香味的米糠、麦麸、豆饼屑、黄豆粉等放入大口瓦罐、罐头瓶、广口瓶或塑料盆等内壁光滑的器皿中，然后将容器埋在地鳖虫经常出没的地方，容器口应与地面平齐，然后再用几根稻草、麦秸或干草遮盖。夜间地鳖虫出来觅食，嗅到香味爬进取食而落入器皿内，因内壁光滑而无法逃脱，清晨检查时，将诱捕到的活虫取出，诱捕器仍可继续使用。

(二)从人工养殖地鳖虫的单位引种

从饲养成功的个人或单位购买地鳖虫时,要到养地鳖虫多年、信誉较好的固定养地鳖虫的场家、有育种许可证的规范性育种(养殖)场或科研单位引种。千万不要到打一枪换一个地方的"推广处"、"代销处"等引种,以免上当受骗。

1. 引种原则

地鳖虫引种时在遵循市场和就近两大原则的前提下,还需到固定养地鳖虫的场家、有育种许可证的规范性育种(养殖)场或科研单位引种才是养殖成功的前提。

(1)市场原则:对于药用地鳖虫养殖者来说,首先应该考虑是养殖品种的药用价值和本地区对产品的需求,要弄清引进的品种是否符合医药部门收购的标准。如金边地鳖虫畅销我国港、澳地区及东南亚各国,其他品种则不畅销,而中华地鳖虫在我国除粤、港、澳等地方外则是畅销品种。其次,要考虑它们的其他性能,如生长速度、生产周期、对环境条件的需求、饲养难度等。

(2)就近原则:引种时应遵循先近后远的原则,当地有养殖成功者就在当地引种,实不得已才到远方去引种。

2. 引种时间

地鳖虫引种可分为引种成虫和卵鞘。引种成虫以产卵期(5～10月份)为最好。也可直接引地鳖虫卵鞘,常年都可引种,无季节限制。

3. 种源的挑选

(1)引种成虫的选择:引种时要掌握成虫的健壮标准,注意选择优良个体,这样种虫群体质量方能提高。

优良的雌虫体色黑而具有光泽、体大而长、体形饱满、活泼健壮、四肢齐全、足上毛刺清晰、全身不沾泥、假死性好、逃跑迅速，雌虫的重量最好每千克在360～500只；雄虫要求翅膀完好。这样的成虫引回后不但成活率高，抗病能力强，而且繁殖力强。

在挑选种若虫时先要区分好雌虫及雄虫，以便雌雄合理搭配（引种比例一般配比为8～10雌配1雄）。成虫从有无翅膀即可区分，雄若虫在未长翅以前与雌若虫相似，但仔细观察还可以看出区别：

①腹下横线，雌虫为4条横线，雄虫则有6条横线。

②腹部尾端触须处横纹相连的是雄虫，横纹离触须有距离的为雌虫。

③爬行时雌虫6足伏地，雄虫6足竖起。

（2）卵鞘的选择：购买卵鞘时也要掌握质量标准。选择卵鞘时把其摊平，用对角线从四个角和中心5个点取样，每点随机抓15～20粒，然后按下面介绍的卵鞘优劣标准进行选择，最后评价其质量标准。

①质量好的卵鞘：质量好的卵鞘呈褐色或棕褐色，颗大饱满，无畸形或是皱纹，外壳两侧无明显起伏卵影，用手轻捏卵鞘有弹性感，用拇指和示指捏住卵鞘的两端用力一挤，立即会发出较脆的响声，从边缘锯齿状小齿外破裂的地方，可以明显地看到两排白色的卵粒，每排6粒左右（老虫产的卵鞘中卵粒较少）。这种卵鞘孵化率高，幼虫成活率也高。

②质量不好的卵鞘：劣质卵鞘外壳有明显的起伏卵影，从外观就可以看到卵鞘内的卵粒数。这样的卵鞘表面干瘪或发霉，其卵粒僵化或半僵化，若虫的孵出率很低。有的卵鞘已受

损破坏，内部已发生霉变。有的卵鞘锯齿状小齿处被泥粘住或已经生白色或绿色霉菌，其卵粒已僵化死亡。还有一些卵鞘色泽较浅，呈黄绿色，这是因为成虫早产或迟产的卵鞘，或成虫营养不良，或成虫受惊吓时产下的薄壳瘪卵鞘，这些都属于劣质卵鞘。

③注意事项：1 千克卵鞘有 2 万枚左右，每枚卵鞘内含卵粒 15～20 粒，每枚卵鞘最低按孵出 10 只若虫计算，按 80%的孵化率，即可以孵出 16 万只小若虫，小若虫按 80%培育出成虫，可以培育出 12.8 万只成虫，其中雄性地鳖虫占 25%左右。因此，卵鞘的引种数量按此计算。

4. 运输

运输分 2 种形式，一是运输成虫；二是运输卵鞘。

(1)地鳖虫种成虫的运输：地鳖虫种成虫的运输视所运种成虫的数量、大小以及路程远近而采用不同的方法。

①塑料桶运输法：适宜于运输少量，即几千克或十几千克地鳖虫，长途或短途都可适用。

装桶时先将塑料桶盖用烧红的铁丝穿洞，洞穿得越多越好，洞的大小以不能让地鳖虫成虫钻出来为宜，穿洞的目的是为了通风透气。然后把需运输的地鳖虫，根据桶的规格称取重量，一个规格为 10 升的塑料桶可装 2 千克种成虫，桶大或桶小可适当增减。然后在桶内装入适量饲养土，种虫与饲养土的比例为 1∶1，每桶饲养土和种虫的混合高度可控制在 20～30 厘米，在其表面盖上一层地鳖虫喜欢取食的豆饼、瓜果、菜叶，用于地鳖虫在途中进食和饲养土的保湿，然后将桶盖盖上，用透明胶粘好，使盖不能打开。这样即使桶由于运输震倒或不小心碰倒，地鳖虫也不能从里面爬出来。

②塑料盆运输法：一般运输量较大采用此方法。

塑料盆运输法一般选用方形塑料盆，因方形盆能重叠多层，方形盆用装面包等糕点的那种就可以，每盆一般可装2.5～3千克，但这种盆相对来说价格较贵。若引种数量较少也可用圆形塑料盆。

装盆时先在塑料盆离盆口2厘米处，沿口周打1排孔或2排孔，打孔方法、大小及数量同桶装法。规格为60厘米×40厘米×30厘米的盆可装3千克，盆大或盆小可适当增减（若量不是很大，用不着叠装多层，可在盆口封上纱窗网，而盆口周围不用打孔）。但是用这种盆运法基本采用叠装法，即一个方形盆叠一个方形盆，高度3层或4层，也可高达7层或8层，要求稳固不倒即可。为了增强盆的稳固性，盆与盆、垛与垛之间可用透明胶粘好，这样把全部盆连成一体，非常牢固。

长途运输时可在盆中放些豆饼、瓜果、菜叶等饲料，一般3～5天没什么问题。

③纸箱运输法：该法适用于大量运输，短途运输（运输时间不宜超过1天）的情况。一袋（箱）可装5～7千克。

先准备好纸箱、尼龙编织袋、废报纸。把报纸握成团装入尼龙编织袋里，再把成虫装入，这样一是成虫可以钻入报纸的皱褶里不相互挤压，免得造成损伤；二是报纸支撑着尼龙袋，使袋内空间大，不会造成空气缺乏出现地鳖虫窒息现象。装好以后把尼龙袋用烟头烧一些黄豆大小的小洞，以便透气，地鳖虫还不能跑出来。纸箱也用小刀或剪子在四壁上扎一些小洞便于透气，然后把装有种地鳖虫的尼龙袋装入纸箱，包装好。

（2）地鳖虫卵鞘的运输：地鳖虫卵鞘的运输比较简单，如果短途运输，用比较透气的布袋或其他材料的袋子就可运输，而长途运输卵鞘时，则需要将卵鞘混入适量的孵化土，装到包装箱里，并在其表面放上一层青饲料用于保湿就可以安全运输了。

三、地鳖虫引进后的暂养管理

新引进的地鳖虫和卵鞘都要进行必要的隔离，隔离的目的有二：一是防止疾病的传播；二是要对虫体进行消毒处理，以确保引进的地鳖虫不携带病菌或寄生虫等。保证地鳖虫处于最佳的生产状态，以获得最佳的经济效益。

1. 检查、消毒

将新引进或自野外捕来的虫体，放入单独的饲养器具中。然后检查虫体是否带有螨虫或其他寄生虫，特别要注意查看地鳖虫腹部有没有螨虫、线虫等寄生虫，查看虫体是否带病。

如发现虫体上有螨类或线虫寄生，则应坚决淘汰，免留后患。健康的地鳖虫用1%～2%的福尔马林溶液喷洒在虫体上，5小时后再喷洒清水洗1遍。

对地鳖虫卵鞘进行消毒时，可采用0.02%(1∶5000)的高锰酸钾溶液，把卵鞘浸1分钟后，拿出晾干；或将引进的卵鞘集中平摊在安装有紫外线消毒灯的消毒室内，打开紫外线消毒灯消毒30分钟即可。消毒处理过的卵鞘即可直接进行孵化工作或保存。

2. 投放种虫

虫体经检查、消毒后，如无死亡或厌食、打蔫、触角及翅垂散开、体色变暗失去光泽等现象，排出的粪便成颗粒状，不稀不黏，则为无病态现象，便可入池放养。

购进的种虫按每平方米400～500只，雌、雄虫(8～10)：1投放饲养池中；野生地鳖虫的活动密度稀，性较凶猛些，容易引起同池地鳖虫内部互相争抢、格斗，出现强吃弱的相互残杀现象，初养时要注意密度要较小点，驯养一段时间后再增加密度。

四、地鳖虫的繁殖

地鳖虫的繁殖，直接关系到地鳖虫种群的延续发展，也关系到人工养殖地鳖虫的经济效益。所以，养殖户要在掌握繁殖技术的基础上，不断探索新技术，不断提高繁殖力。

(一)交配

1. 交配过程

地鳖虫为两性生殖，卵生，即必须经过雌、雄个体交配受精后才能产卵，卵才能孵出幼虫(若虫)。一般情况下，雄若虫要比雌若虫性成熟早2个月，而雄虫性成熟后1个月左右就要衰老死亡。所以同一批的雄虫不能与雌虫交配，而只能用滞后2个月孵化的雄虫交配，安排交配时应注意这一问题。

雌、雄地鳖虫性成熟后，在繁殖季节会发情求偶交配(图4-1)。雄成虫一般常在夜间成群飞舞，寻找雌虫交配。雌虫发情时腹部会发出一股特殊的气味，即性激素，引诱雄虫前来交配，交配时间为半小时左右，长的可达2小时左右。交配期间雄虫比较被动，雌虫相对比较主动，按主观意愿爬动，有时还能觅食。

1只雄虫一生与8～10只雌虫交配。雄虫交配后翅膀断裂，15～20天以后陆续死亡；雌虫交配后7天左右开始产卵，

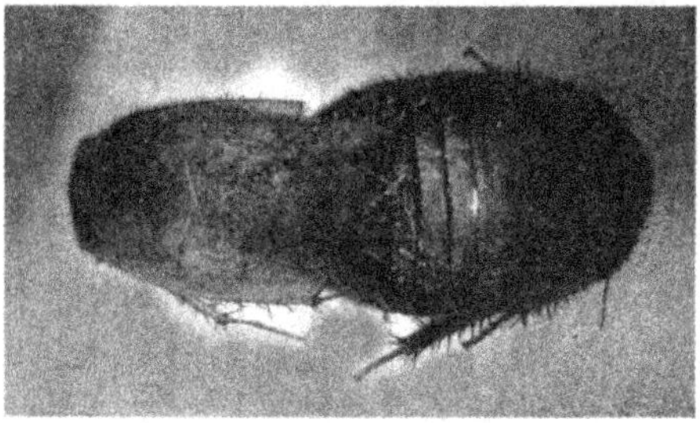

图 4-1　雌、雄虫交配

1 次交配可终身产生受精卵，也有少数雌性个体再与其他雄虫交配的。

试验表明，在雌成虫中，保持 15%健壮的雄虫就足以满足交配的需要。

2. 交配期的注意事项

在饲养过程中，为保证地鳖虫顺利交配，就要给地鳖虫提供一个适宜的交配环境，如外界的温度、湿度、光线等因素都影响着地鳖虫的交配行为，只有提供适宜的环境，才能满足其生长发育要求，提高地鳖虫的交配成功率。

(1)温、湿度：适宜的温、湿度是地鳖虫顺利交配的首要条件，适宜的温度是 28～32℃、空气湿度是 70%～75%，土壤湿度以 20%为宜，若高于或低于这个温、湿度范围时，地鳖虫交配次数则减少，若温度高于 35℃，或湿度低于 15%时，地鳖虫则很少交配或不交配。

(2)营养：在地鳖虫交配前，应喂足、喂好营养物质丰富的饲料，这时的饲料以精料比例大过青绿多汁饲料为主。特别要喂好雄成虫，使其身体强壮，性欲旺盛，顺利完成交配任务。

每次投喂食物时，要保证雌雄虫吃饱、吃好，精力充沛，这样才能提高地鳖虫的交配率及孵化率。

(3)光照、噪声、气味：因地鳖虫是畏光性昆虫，光线太强则影响其交配，而弱红光则可诱发交配，在夜间月光下或是黑暗中，地鳖虫能正常交配，此时即使开红色的灯光也不会影响或中断其交配，因此，人工养殖时，可打开红色照明灯。

在雌、雄虫交配过程中，室内要保持安静，不能有过大的嘈杂之声或是震动，特别不能有强光照射，否则它们争相往饲养土里钻，被迫脱尾，影响交配效果，也影响将来所产卵鞘的质量。

地鳖虫因怕刺激的气味，若是在其交配期间，饲养人员刚涂过风油精或吸烟时进入养殖室，都会影响地鳖虫的交配。

(二)产卵

雄成虫交配后 1 个月左右死亡，雌成虫交配后 1 周左右开始产卵鞘。雌成虫交配 1 次能终身生产受精卵鞘，未经交配的雌成虫亦能产卵鞘，但卵鞘不能孵化，连续产卵期达 9～11 个月。

地鳖虫产卵是连续不断进行的，前一个卵鞘产下来后，下一个卵鞘又冒出了头，并长时间拖在尾上(图 4-2)，快的 2～3 天掉下来，慢的 5～7 天才能掉下来。连续产卵鞘 6～8 个，中间要停一段时间才能继续再产。

产卵鞘数量的多少与管理关系很大，一般 1 个月 1 只雌虫产 6～8 个卵鞘。在自然温度下，1 年 1 只雌成虫产 40 个卵鞘，在加温饲养条件下能产 70～80 个卵鞘，每个卵鞘中含卵 15～20 粒。

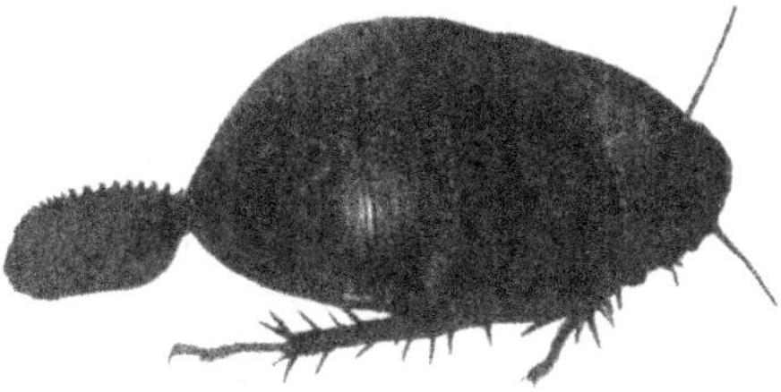

图 4-2 托在尾上的卵鞘

另外，雌性成虫每年产卵鞘的多少、大小与虫龄和成虫的饲料营养水平有关。开产第二年的雌成虫比初产成虫和第三年的老龄成虫产卵多，卵鞘也大；初产雌虫和第三年后的老龄雌虫产卵少，且卵鞘较小。营养丰富、体质健壮的雌成虫产卵多、卵鞘较大；营养水平低、体质弱的雌成虫产卵少，且卵鞘较小。

随着温度的降低，雌成虫的产卵速度降低，到达冬眠期产卵停止，到第二年春季气温回升时继续产卵。在人工加温饲养条件下，保持饲养室温度在 25℃ 以上，雌成虫常年都可以产卵。

产卵雌成虫饲养管理条件要求比一般时期高。要给种虫多喂一些精饲料，保证其营养需要，同时要保持饲养室和饲养土适宜的温度、湿度，才能产更多、更好的卵鞘，提高饲养地鳖虫的经济效益。

雌成虫有吃卵鞘的习性，有时能吃掉大半数卵鞘。为避免这种现象发生，减少损失，从饲养上要给雌成虫增加动物性饲料比例，增加营养。从管理上一方面要增加饲养土的厚度，同时要及时筛取饲养土表层的卵鞘。

（三）孵化

在地鳖虫养殖过程中，种卵的孵化管理是关键的环节，它直接关系到养殖成功与否及经济效益的高低。

1. 筛卵

在食物不足或是投料不及时的时候，地鳖虫就会啃食卵鞘。因此，为了减少损失，要及时筛取出卵鞘。

如果初养地鳖虫，现有的雌成虫数量不多，可以不必过筛，直接把雌成虫拣出，养于另一池中，再筛出卵鞘孵化，这样可以避免雌成虫在筛卵过程中伤残，减少伤损。

大规模养殖时通常在雌虫产卵后第一个月每隔 10 天筛取 1 次卵鞘；第二个月筛取 2 次，间隔为 15 天 1 次；第三个月相隔 25 天筛取 1 次；产卵期进入第四个月后，每个月筛取 1 次。如果管理得好，卵鞘的损失率不会超过 10%。

收取表层卵鞘时先用 4 目筛把表面 0.5 厘米左右的饲养土刮下来筛 1 次，除去食物残片、死地鳖虫和残地鳖虫，再用 6 目筛把卵鞘筛出，饲养土倒入备用池中。筛卵鞘的动作要轻，尽量避免碰撞筛壁和与筛底强烈摩擦，否则会伤及地鳖虫肢体和雌成虫尾部拖着的卵鞘。

收取饲养土中的卵鞘时用 2 目筛把雌成虫分出来，筛取的雌成虫要立即放到备用的池内，健壮的个体会很快钻入饲养土中，剩下个别老、弱、伤、残个体拣出，做商品地鳖虫处理。筛下的饲养土和卵鞘再用 6 目筛把饲养土筛下，剩下卵鞘。饲养土可以留下继续使用，把其放入备用池中，使用时再加一部分经过消毒的新配制的饲养土。

筛卵鞘时操作要轻巧，避免互相碰撞，否则会损伤虫体和撞下雌虫尾部未产完的卵鞘。

2. 清洗

地鳖虫卵鞘的气孔(锯齿状的一侧)在饲养土中容易被堵塞,影响孵化率,所以筛出后的卵鞘必须及时清洗。

清洗时在容器内盛满清水,水温要与室温一致,再把装有0.5～0.7千克卵鞘的6目筛置于容器内轻轻漂动,洗去卵鞘表面的泥土(清洗动作要轻巧,要求2分钟内清洗完毕),然后摊在纱布上晾去表面水分后收起。不能在阳光下暴晒,也不能烘烤,否则会影响孵化率。

3. 消毒

漂洗晾去表面水分的卵鞘,用0.02%(1∶5000)高锰酸钾溶液浸泡消毒,浸泡时间为1分钟,捞出后晾去表面水分;或将卵鞘集中平摊在安装有紫外线消毒灯的消毒室内,打开紫外线消毒灯消毒30分钟即可。

4. 卵鞘的保存

当年不孵化的卵鞘要做好越冬保管工作。

保存时将卵鞘和一些新鲜消毒后,湿度为5%～10%(若饲养土太湿卵鞘容易发霉,发霉的卵鞘,内部的卵和内容物腥臭,并在卵鞘上出白色菌丝与饲养土黏结成块状)的饲养土拌和,置入容器中,保存在0～15℃的环境中。饲养土在容器内的深度应与容器口平而略低一些,然后覆盖棉絮或干草等保温。

平时根据饲养土的干湿程度,适时调节。

5. 卵鞘的孵化

卵鞘的孵化管理是地鳖虫养殖过程中的重要环节,孵化率的高低直接影响着经济效益,地鳖虫一生离不开土,卵鞘的孵化也离不开土，因此，科学管理及孵化土的配制有助于提高卵的孵化率。

(1)孵化土：自然孵化和人工加温孵化的孵化土要求一样，将用热开水泡过、晒干的孵化土用 6 目筛筛好后和谷糠以 1∶5 的比例配合好。

(2)孵化方法：地鳖虫卵鞘的孵化有自然孵化和人工控温孵化 2 种。前者在夏季气温偏高时使用，有时间性；后者一年四季均可使用。

①自然孵化：4 月下旬至 8 月中旬产出的卵鞘按月收集，分别放入容器中。8 月下旬后产的卵鞘与第二年 4 月下旬以前产的卵鞘安排同期孵化。

孵化的容器有多种多样，如饲养池、盆、钵、缸和箱等。孵化器中放孵化土，然后将消毒处理过的卵鞘与孵化土按每千克卵鞘配 1～2 千克孵化土拌匀装入孵化器中，孵化土的湿度以 20%左右为宜，连卵鞘带土厚以 10～15 厘米为宜。把孵化器放在室内，依靠室内的自然温度和湿度（最好人为调节）进行孵化。

一般自然条件下，室内温度以 20～25℃为宜，但不得低于 15℃，或超过 40℃。

在孵化期间，每天需要翻动 1 次孵化土与卵鞘，以便温度、湿度均匀，利于胚胎发育，使出虫整齐而快。翻动时动作要轻，以免碰伤卵鞘。

在卵鞘孵化过程中，其锯齿状的透气孔不断吸入孵化土中的水分，使卵鞘中的幼虫开始生长发育而体积膨胀。经 3～5 天后，原来潮湿的孵化土逐渐干燥，就要及时补充水分。此时注意不能向孵化土中直接喷水增湿，因喷水的孵化土易于板结，把卵鞘的透气孔堵塞，造成幼虫在卵鞘中闷死。正确的做法是把干燥的孵化土筛出来，再拌入新的潮湿孵化土。在换土的同时，若有部分卵鞘出虫，可把幼虫放入池中饲养。

温度高低与孵化期的长短有密切关系，土壤温度高时孵化期短，土壤温度低时孵化期长。卵鞘孵化时需要一定积温（孵化积温是 1200～1500℃），当孵化土温度高时，很快就达到了积温，若虫孵出就早；当孵化土温度低时，达到积温的时间长，孵化期就长。一般 5 月开始孵化的，到 7 月底才能全部孵出；8 月上、下旬的卵鞘，10 月下旬至 11 月上旬孵出。在 25℃的条件下，孵化期 50～60 天；30℃的条件下，孵化期35～50 天。

②人工控温孵化：在晚秋、冬季和早春低温天气时，孵化时要实行加热控温的方法，此方法的程序与自然温度孵化方法相同，只是温度比较稳定，孵化率也比较高。

Ⅰ. 煤油灯孵化法：孵化的地鳖虫卵鞘数量较少时，可在室内建 1 个口沿内径与所用的大号铝锅锅底等径的灶台，灶壁要厚一些以利保温，灶台下面要有放置煤油灯的位置。

用 1 个大号铝锅做孵化器，铝锅内加水，把盛有地鳖虫卵鞘和孵化土的容器放入铝锅内，孵化容器底垫放 3 片瓦片，使铝锅底与孵化容器之间有一定的缓冲距离。在铝锅底部放一盏有灯罩的煤油灯，灯罩顶部离锅底 2 厘米，调节灯芯高低，使锅内水温保持在 28～30℃。摘去铝锅盖上的胶木柄，留小孔放一只温度计，根据温度计显示的温度数，随时用拧灯芯的办法来调整温度。

需要注意的是，卵鞘在孵化过程中，为使卵受热均匀，每天必须翻动 1 次孵化土与卵鞘（可用手将孵化土翻动）。

Ⅱ. 电孵法:电孵法最便利的孵化法当数用电能做能源的孵化箱。用木板做一只高 1 米,宽 0.6 米,厚 0.6 米的木箱,内壁和盖下都粘贴上 3 厘米厚的泡沫板。箱内安装一支 500 瓦加热管,一只温度控制仪和一只热电耦,再装一只交流接触器,这样一个简单的小型地鳖虫卵鞘孵化箱就做成了。

使用时把地鳖虫卵鞘和与之等量的孵化土拌匀后放入箱内,打开电源,加热管发热,孵化箱内温度逐渐升高,升至 30℃时,温度控制仪自动断电。

每隔 5～7 天检查一下孵化箱内的温度,并打开箱底通气孔,换一下箱内空气。若孵化箱内的土过干,可加入一些相同温度的湿孵化土。孵化前期每天翻动 3～4 次,中、后期每天翻动 2～3 次。这样地鳖虫卵鞘一般在 35～50 天就可全部孵化完毕。

总而言之,不管用什么方法孵化,一定牢记温度保持在 25～32℃,孵化土湿度以 20%左右为宜。

Ⅲ. 控温饲养室孵化:采用控温饲养室孵化时,孵化时需要将卵鞘放置内壁光滑的孵化器放入控温室内,孵化土的湿度必须保持在 20%左右,连卵鞘带土厚以 10～15 厘米为宜。孵化土应放置孵化室内预热,与室温温差不能超过 5℃。

温、湿度管理同自然孵化法一样,每天需要翻动 1 次孵化土与卵鞘,若是多层孵化,则最上层的温度会稍高些。

(3)卵鞘孵化时出现螨虫的处理:螨虫喜欢把卵产在地鳖虫的卵鞘上,如果孵化前卵鞘未经消毒,在卵鞘孵化过程中,当孵化温度在 30℃时,螨虫的卵在 25 天左右即开始陆续孵化出来,当看到卵鞘表面出现密集的小点,放在亮光下能看到蠕动的小点就是螨虫。此时距地鳖虫幼虫的出鞘还有 5 天左右的时间，因此要及时防治，以免危害刚孵出的若虫以及带入饲养池而大面积繁殖。

防治时要采用17目的筛子将孵化土和螨虫一起筛掉，并重新换上新的孵化土，每3天左右筛1次，可清除螨虫的危害。

大量若虫孵化时，要每2天筛取1次若虫，先用6目的筛子将卵鞘筛出，再用筛孔直径为17目的筛将螨虫筛掉，然后将筛中的若虫及孵化土放进饲养池中饲养，将未出虫的卵鞘再按1：1的比例放入新的孵化土搅拌均匀后，放入孵化器中继续孵化，直到孵化结束为止（通常优良的卵鞘出虫率在85%左右）。

（4）提高卵鞘孵化率的措施：影响卵鞘孵化率的因素很多，但注意以下几个方面即可提高卵的孵化率。

①按种用要求选择卵鞘，收集1周内的卵鞘即可同时进行孵化。

②加强地鳖虫卵鞘的消毒，避免细菌感染和螨虫的发生。

③加温孵化最重要的是要控制好孵化土的湿度，尽可能保持恒定。在孵化过程中要注意调节湿度，如干土，应换等量、等湿的湿润新土，但切忌直接喷水，以防堵塞卵气孔。也可在孵化器口上盖一层湿纱布，或是采取换土、添加部分湿土的方法来进行调节。

④冬天孵化，切忌温度长期处在20℃左右的环境中，这样会导致卵鞘变坏。要尽量把温度控制在25～30℃，更换饲养土时，温差也不可太大。

6. 分离幼虫

在25℃的条件下，孵化期50～60天；30℃的条件下，孵化期 35～50 天。

出虫时卵鞘一端破裂，幼小的若虫从卵鞘的破裂处，蠕动离开卵鞘。刚离开卵鞘的若虫不会动，体外还有一层透明卵膜包裹着，经过 2～3 分钟，幼小若虫挣破卵膜爬出，开始爬行，且行动敏捷。这时的若虫像芝麻大小，白色，体形与成虫相似。

因幼虫的爬动出现孵化土下沉，卵壳上浮，或用手翻开有很多白色小幼虫时，可以将幼虫筛出。方法是用 6 目筛将卵鞘分离出来，然后再用 17 目筛将刚孵化出来的若虫分离出来，放入养殖盒或是盆中饲养，待到蜕完第 1 次皮后，再移入幼虫池中饲养。

在大批出虫后，部分出掉虫的空壳夹杂其中，在筛小虫的过程中空壳声较大时，可用簸箕把空壳簸掉，或用电吹风吹出空壳(这样做对还在壳中的幼虫影响不大)，防止细菌和螨虫繁殖。

幼虫池的面积根据孵化的情况好坏来决定，大体比例为 500 克卵鞘最少需要 2 平方米，孵化好一点的就需要 3 平方米以上的饲养面积。

刚出壳的幼虫不需要喂食，只要让它安静休息即可，第 10 天开始投喂少量的精饲料，如玉米粉、面粉、豆粉、麸皮等，再配以少量炒香的糠麸类、少量鱼粉或蚯蚓粉以及鲜嫩的青菜、瓜果等带水分且适口的饲料。

第四节　地鳖虫的提纯复壮

在饲养地鳖虫的过程中，会出现虫体与原种虫的个体相差较大，会逐渐变小，体重渐渐减轻，成虫的寿命缩短，产卵量减少，卵鞘明显短小，卵鞘的孵化率也降低，雌雄虫比例失调，雌虫减少，雄虫增加，虫体的抗病能力较差，疾病的发生有所增多，致使若虫、种成虫死亡率增加，有时还出现虫体畸形等，这些都是种质退化的表现。

1. 地鳖虫种质退化的原因

导致人工养殖的地鳖虫种质退化的原因，主要有生存环境的改变和人工饲养的高密度 2 个方面。

（1）生存环境：生活在野外的地鳖虫，是在自然变温的条件下，必须对抗各种不利的因素，如食物、疾病、天敌、温度、湿度等的变化才能生存。因此，野生的种虫具有较强的抗逆性和生活力。而人工饲养的地鳖虫，是在人为控制下的环境下生长发育，天敌少，疾病少，温度、湿度适宜，食物充足且营养均衡，容易失去抗逆性，引起地鳖虫逐渐退化。

（2）高饲养密度：地鳖虫是一种群栖性昆虫，在适当的密度下饲养，生长发育及繁殖正常。野外的地鳖虫由于每个群体的数量较少，密度相对较低，其活动范围较宽。然而，在人工饲养时，为合理利用场地及提高经济效益，人为地使每平方米饲养的虫体数量达到高密度，地鳖虫长期在高密度下生长，而且连续近亲交配繁殖等，使得各虫体发生变异，如虫体个小，发育不齐，虫龄期延长，虫体变轻，产卵量减少，卵鞘质量差，繁殖率低，孵化出的幼虫死亡率高，生理性病害增多，甚至还会产生不育虫。

2. 提纯复壮的措施

对饲养的昆虫种的选择、保护和杂交繁殖，称之为提纯复壮。人工饲养地鳖虫的目的是希望能获得高产，并从中获得高的经济效益。因此，在养殖地鳖虫过程中，很有必要对地鳖虫种虫进行提纯复壮。

(1)控制近亲交配：养殖户要到信誉好的养殖场引种，而且每次不要到同一地方引种，要到不同的地区引种，然后将不同地区的地鳖虫种一起饲养，这样就可以避免近亲繁殖引起的种性退化和抵抗力及产量的降低。同一种在不同地区或多或少存在一定的品种差异，可以选用异地的优良种与本地的优良种进行杂交育种，可提高地鳖虫的生产能力、适应能力和抗病能力，即所谓的杂种优势。

也可在一定时间内捕捉野外地鳖虫，选择个体大、活动能力强、产卵量高的个体作为种虫一起饲养，不断地对养殖的良种进行提纯。

(2)种虫与商品虫隔离饲养

①建立选种池：建立原种池、繁殖池、生产池等的分层次繁育体系。不要混养，避免近亲交配导致品种的退化。

②选种：选种是提高地鳖虫产量的重要一环，也是人工养殖过程中一项不可或缺的工作。

选种工作通常在饲养池内发现有雄虫出翅 1 个月内进行，因此时的雌虫尾部拖着卵鞘，有的不拖卵鞘而生殖孔不紧闭，腹下部呈粉红色并有光泽。选择时应选择个大体壮、反应能力强、活动敏捷、假死性好、色泽鲜艳、食量较大的个体作为雌种虫，并与群体分池饲养。同时选择占雌成虫数 20%～

25%的健壮雄虫进行交配繁殖即可。一般5天左右进行1次，直到留够自己需要的留种雌虫为止。或是每年5月对同一批孵化出的雌雄若虫进行挑选，并单独分池饲养，让其发育成成虫后，交配产卵繁殖后代。经挑选出的种虫其生活适应性强、生长快、产卵率高，其所繁殖的后代也是优品，不但售价高，而且药效也好。对于分离出来的成虫，待其盛卵期过后，可将衰老的成虫淘汰，减少成虫与卵鞘混养，避免成虫的活动干扰卵的胚胎发育，影响孵化出的幼虫的生长发育及蜕皮。

留种雌雄成虫的饲养密度一般在每平方米3500～5000只为宜。留种新产的卵鞘，应选择大而饱满、色泽鲜艳而有轻微刻纹，用手轻捏卵鞘感到有弹性，在阳光或灯光下能明显看出壳内卵粒是双行互生排列的正常卵鞘留做种卵鞘。

(3)放回自然环境锻炼：将一定量的室内饲养的地鳖虫，放在室外饲养池中接受自然温度变化的锻炼，1～2年后再移到室内饲养，生命力就能增强。

(4)加强饲养管理：地鳖虫在野生条件下，在自然界自行觅食，寻食的食物是多种多样的。但在人工饲养条件下，有些不懂技术的饲养户投喂的饲料单一、投喂量不足，使地鳖虫各阶段的虫体营养得不到满足，所以出现退化现象。因此，为了保证地鳖虫种源不退化，饲养地鳖虫的饲料要多样化，特别是饲料中的蛋白质含量要达到16%以上，并且投料量要保证其吃饱且不剩食。饲料营养全面、量足，满足了地鳖虫营养需要就不容易退化。

第五章　地鳖虫的饲养管理

地鳖虫的饲养管理要求不像养殖蝎子那么高，但地鳖虫的饲养管理也是生产成败的关键环节。科学地饲养和管理能提高地鳖虫的繁殖率、促进生长、缩短饲养周期，提高产量，降低饲养成本，提高饲养地鳖虫的综合效益；如果饲养管理不好，地鳖虫群容易生病，死亡率高，生长发育缓慢，繁殖力也低，收获期延长，收获量小，经济效益差。所以，在引种以后应特别注意饲养管理工作。

第一节　地鳖虫饲养的日常管理

在野生条件下，地鳖虫可以迁徙生活；而在人工饲养条件下，饲养密度很大，并且有防逃设施，如果环境条件不适宜，就只有等待死亡。所以，科学的管理主要是给地鳖虫创造适宜的环境，满足其对环境因素的要求，而不是让它适应固有的环境条件。

一、做好地鳖虫场的日常管理

生产实践证明，要想养好地鳖虫，饲养管理人员非常重要。饲养管理人员在养殖前，必须进行专业知识和管理技能的学习或培训。通过学习或培训，熟悉地鳖虫的生活习性及养殖中所需要注意的有关问题，掌握基本的操作技术。

1. 认真观察

饲养管理人员平时要多观察，及时发现问题，及时采取有效措施进行解决。观察工作包括以下方面的内容。

(1)看环境是否正常：每天应经常观察地鳖虫生活环境的温度、湿度变化及相应的群体动态变化，调控光照，通风换气，检查饲料供应量是否恰当，并及时对出现的问题进行处理。

为了准确测量房(棚)内的温度、湿度，温湿度计悬挂的最佳位置是在房(棚)室中部距离养殖池中饲养土 10 厘米左右(四角也要各放 1 支)。这里距离墙体、窗等温差较大的地方都较远，数值稳定，最能反映房(棚)室的温度。

(2)查看饮食情况：检查饲料被吃的情况，是否有剩余，是否有变质或有发霉的饲料，是否有水及被污染的情况等。

(3)查看地鳖虫的健康状况：看成虫体色是否光泽，看行动是否敏捷，进食是否正常，粪便是否正常；若虫是否健壮活泼、色泽是否鲜艳等。

2. 讲究卫生

地鳖虫饲养室要每天打扫卫生 1 次，保持室内清洁卫生。养殖池内一定要保持卫生，发现残余剩料及虫体尸体要及时清理出去，如清理不及时，死尸及残剩饲料一旦腐烂发霉变质，地鳖虫误食后会得病。

冬天每周要用高锰酸钾溶液(0.2%)洗食盘 1 次，用 2% 氢氧化钠溶液消毒地面 1 次，夏天每 2～3 天消毒 1 次。

每 0.5～1 年更换 1 次饲养土。

3. 注意遮荫

无论采用何种养殖方式除遮盖遮阳网外，可以在棚外、房前后种植一些藤蔓类植物，在给地鳖虫遮阴、降温的同时，还可收获一些蔬菜，可谓一举两得。

4. 天敌的检查

检查室内外有无虫害，早发现，早预防。防止老鼠、黄鼠狼、蚂蚁等为害。

5. 保持饲养室空气新鲜

饲养室通风换气十分重要，如果不经常通风换气，室内空气污浊，会影响地鳖虫的生长发育。如果人走进饲料室觉得发闷、不适，就表示空气不正常。

在夏、春、秋季要每天打开门窗通风换气，保持室内空气新鲜。如果比较干燥的天气，开窗通风换气会降低饲养室的湿度，对地鳖虫生长发育不利，这时可以适当增加饲养土的湿度，或者随时关注饲养土的湿度，发现饲养土表层湿度降低，应马上洒水增加一些湿度；或者在饲养土上覆盖一些含水量大的菜叶，也可以降低饲养土表层水分蒸发。

冬季加温饲养的情况下，由于保温，通风条件差，要特别注意换气。在晴天下午 1～4 点室外温度相对较高的时候，每天下午要开窗户通风换气，当室内温度由于换气下降 2～3℃时，可关闭窗户停止换气。待温度回升时，再开窗透气，不能让室内温度下降超过 5℃，影响地鳖虫正常的生活。

另外，室内多放置一些花草，使其进行光合作用放出氧气，调节室内空气成分。

6. 饲料搭配多样化

投喂营养饲料，可促进地鳖虫的生长发育，缩短养殖时间，提高产量。投喂饲料时，要做到干湿相兼，精料食光，青料有余，粗精搭配，以青为主的原则，并按不同虫龄、虫期进行投喂。

1～3 月份龄若虫投喂应少量多餐，量少勤添；4～7 月份龄若虫活动逐渐增强、食量增多，饲料配合时可增加青饲料比例，品种要多样化，保证营养全面；8～11 月份龄若虫投喂饲料与中龄若虫相同，但蛋白质含量应增加比例；成虫已进入繁殖期，投喂饲料应以精饲料为主，青饲料为辅，投喂时间原则上是每天傍晚。

总而言之，饲料的投喂要做到定时、定量、定质、定点。

7. 防止中毒

地鳖虫属昆虫类动物，对农药的抵抗力很弱，在室外施用农药时，应关闭饲养门窗，在室内也要注意使用药物而影响地鳖虫。

另外，装饲料的袋及盛放的器具、地方都要避开、远离农药，以免感染饲料而造成地鳖虫死亡。

8. 安全用电

在饲养室中每天傍晚都要工作，最理想的照明工具是安全工作电灯，但必须加罩。还须注意因饲养室内湿度较大，导致电线外皮带电等，安全用电应特别注意。

9. 做好记录

养地鳖虫时不管规模大小，都应有严格的管理制度和科学详细的生产记录，每天定时观察地鳖虫的活动、捕食、饮水、蜕皮、病害及死亡等详细情况，根据气温及时采取增减温度措施，对伤弱病死地鳖虫要及时诊治处理，发现问题及时处理。

二、适宜的饲养密度

很多养殖规模不大的养殖户都是利用闲置房或庭院、池、盆、缸等养殖地鳖虫，由于面积有限，为了多养一些，往往增加饲养密度。有些大规模养殖生产，不了解地鳖虫的习性，也加大饲养密度。结果因密度过高，导致饲养土中缺氧、排便过多会使生存环境恶化，管理跟不上就会发生疾病出现死亡。

另外，密度过大由于饲料不足会出现争食现象，出现食同类若虫或吞食卵鞘的现象。但是，如果密度过低，则饲养场地所得不到充分利用，浪费人力、时间，增加了养殖地鳖虫的成本。所以，地鳖虫饲养密度要合理，既要充分利用饲养池，又不能密度太大。

一般情况下，以每平方米面积的饲养密度计算，适宜的饲养密度：1～3 龄的若虫 10 万～13 万只/平方米；4～6 龄期的若虫 4 万～6 万只/平方米；7～9 龄期的虫 1.5 万～2 万只/平方米；10 龄期以上的成虫在 0.5 万～0.7 万只/平方米；产卵期的成虫 0.3 万只/平方米左右。

总之，地鳖虫的饲养密度以虫体不得病、不抢食、不互相残杀和虫体健康发育为好。

三、温、湿度管理

(一)常温养殖的管理

常温养殖在环境气温 10℃左右时地鳖虫即进入冬眠期，此时地鳖虫外出活动逐渐减少，摄食量也逐渐减少，并逐渐进入到饲养土的深层。温度进一步下降时，地鳖虫则完全进入冬眠状态，不食不动。

1. 温度管理

地鳖虫生长发育和繁殖有临界温、湿度和最适温、湿度。

在临界温、湿度内也能生长发育，但愈接近临界温度生长发育愈缓慢。在适宜的温、湿度下生长发育最快、繁殖情况最好。地鳖虫的临界温度为10℃和35℃，低于10℃地鳖虫进入休眠状态，高于35℃地鳖虫情绪不安，四处爬动，食量减少，生长发育也较缓慢；温度达到37℃以上时，地鳖虫会因体内水分散失造成脱水而死亡。生命活动中的适宜温度为15～32℃。在这一范围内温度升高，地鳖虫生长速度加快，这一温度范围内温度和生长速度呈线性关系，可以缩短其生长周期。地鳖虫最适宜的生长发育温度为25～32℃，在这一温度下地鳖虫食欲旺盛，食量增大，生长迅速。人工饲养条件下要把地鳖虫饲养室和饲养土中温度控制在25～32℃。

2. 湿度管理

饲养地鳖虫，饲养土的湿度以20%为宜，室内空气相对湿度为70%～80%，低于这一湿度或高于这一湿度时生长发育均不利。

3. 饲养土厚度控制

池内饲养土铺设的厚度，依不同虫龄或成虫的不同阶段应有所区别，同池不同密度，不同季节土的厚度也应有区别。同一池中，虫口密度大的，土应厚些；密度小的，则土可浅些。夏季土薄些，冬季土厚些。饲养种虫要比饲养药用虫的饲养土层厚些。一般情况饲养土的铺设厚度如下：

(1)1～4龄虫：饲养土的厚度应为7～10厘米。

(2)5～8龄虫：饲养土的厚度应为10～15厘米。

(3)9龄以上的若虫和成虫：饲养土的厚度均为15～20厘米。

饲养土宜每0.5～1年更换1次。

4. 防止鼠害入侵

因冬眠地鳖虫无任何抵抗与逃避能力，容易遭受鼠害袭击，因此，饲养舍应密闭门窗，并在老鼠可能通过的出入口处设置防鼠器具，严防老鼠钻入饲养土。

5. 搞好室内卫生

地鳖虫饲养室每天要打扫卫生1次，保持室内清洁卫生，不仅饲养员入室有清新感，而且病原微生物也无滋生之地。

除保持室内清洁卫生外，饲养用具也要保持清洁卫生，饲料盘每次加食时都要清理洗刷，要定期消毒。

6. 推迟越冬时间，延长生长期

常温养殖外界气温升降的变化对地鳖虫生活有极大的影响，寒冷的冬季威胁着它的生命。为了逃避寒冷冬季的威胁，它就钻入地下，以冬眠的方式越冬。

冬眠时钻入层的深度与气温、土温的高低直接相关。气温、土温越低，钻入土层则越深；气温、土温较高，则钻入土层较浅。在一般气温、土温条件下，多在土层15～40厘米处冬眠；气温、土温低时，可在土层80～100厘米处冬眠。若土温升高，不仅可以推迟冬眠时间，而且可在土层浅处或土表冬眠。由此可见，土温的高低是影响地鳖虫冬眠时间长短、潜伏土层深浅的关键。因此在工人养殖中，人为的提高冬眠场所的土温，不仅可以缩短它冬眠的时间，使之安全越冬，而且可相对的增加地鳖虫正常的生活期，有利于提高养殖地鳖虫的产量。

常温养殖除在做好饲养房的密封外，可在养池上加盖塑料布保温。或在地鳖虫越冬前夕，在室外开挖80～100厘米深的坑，把挖出的泥土与收集的垃圾泥灰按2∶1的比例拌和均匀，倒入坑内，把坑填平。然后铺上适量的砖瓦碎块放入地鳖虫。再盖一层细土，覆盖树枝枯草，最后再盖一层塑料布。这样就可以改善地鳖虫越冬的环境条件。越冬环境条件改善前，土温低，早、中、晚土温升降变化大，改善后土温大幅度升高，早、中、晚的温差变化小，能基本保持土温在同一天内无大的变化，有利于地鳖虫安全越冬。

地鳖虫越冬环境条件改善后的好处很多，一是经过深翻，疏松了土壤，土层中空气流通，因土表盖有细土枯草，砖瓦碎块下的土中热量不容易散失，增强了保温能力；并且土中热量容易在砖瓦碎块间散发，缩小了一天内早、中、晚的温差；二是砖瓦碎块容易吸水，造成了地鳖虫要求的阴湿环境，且砖瓦碎块间空隙较大，有利于地鳖虫的出入活动和栖息；三是垃圾泥灰与土壤拌和后，垃圾迅速腐烂、分解，散发出大量热能，使土温升高而较恒定，缩短地鳖虫冬眠的时间。因此，人为改善地鳖虫常温养殖越冬场所的环境条件，是帮助其安全越冬的有效方法，应予推广。

此外，地鳖虫越冬后，恢复了活动能力，要严密封闭饲养场所，防止地鳖虫外逃。

（二）加温养殖的管理

地鳖虫入冬低温有冬眠的习性，且长达 5 个月左右，因此，其生长发育在自然环境条件下完成一个世代需 2～4 年。如果人工控制温度和湿度的条件下，并改善其营养条件，打破其冬眠，加速其生长及繁殖，可以缩短其完成一个世代所需时间，生长周期从 2～4 年缩短到 10～11 个月，这样可以提高产量，降低成本，提高养殖经济效益。

地鳖虫室内加温饲养技术已普遍使用，饲养者可以根据自己的具体条件开展加温饲养工作，不断地总结经验，有所发明、有所创造，总结出高效饲养的技术。

1. 加温时间

地鳖虫生长的适宜温度是25～32℃，如果低于20℃时就需要逐渐加温，加温的要求不能忽高、忽低，要求稳定。

2. 加温方法

在地鳖虫尚未冬眠前，准备好加温、控温所需器材的相关准备工作。加温设备可用电灯、电暖器、煤炉、水暖等方式，但为了保持饲养室温度恒定，可以装配一套自动控温器，特别是北方地区寒冷时间比较长，气温常在－20℃以下，必须采取自动控温技术，满足其常年生长发育的需要，提高养殖的经济效益。

3. 饲养管理

冬季采取加温饲养地鳖虫，管理方法基本上与常温饲养期间的日常饲养管理方法相似。主要是做好温度、湿度的调节、饲喂和饲养场地的环境卫生工作。

(1)温度控制：供暖是加温饲养地鳖虫的必要条件。冬天温室养殖地鳖虫应保证室温控制在25～32℃，并要特别注意不能使空气温度骤升骤降。否则会使地鳖虫因消化不良和代谢紊乱而大批死亡。

(2)湿度控制：这是冬季加温养殖的主要技术关键，由于饲养舍内外气温温差大，地温与室内温差也大，因此空气对流严重，容易使水分蒸发。因此，室内空气相对湿度要控制在30％；饲养土的含水量应根据各龄期虫体的要求而定，成虫较湿一些，可控制在20％；幼龄虫可低一些，应控制在15％。

加湿的方法有以下几种。

①蒸汽加热：蒸汽加热是在火炉上放一个水壶，用水蒸气进行经常性的加湿。

②喷水加湿：当水蒸气加湿达不到湿度要求时，要在室内喷水加湿。水可以喷在空间，也可以喷洒在地面上，也可以喷在饲养土上。如果往饲养土上喷洒水，水的温度要接近室温。往地面和饲养土上洒水时，要把地面和饲养土表面打扫干净。在饲养土上洒水时要少喷，避免饲养土表面板结。如有板结可在喷水后 1 小时，待饲养土充分吸水后，用手把板结的表层搓碎。

对正在孵化的卵鞘箱、盆更要注意湿度调节。为了不使饲养土中水分散失过快，可以把卵鞘与饲养土表面盖一层湿纱布，并经常取下浸水后再盖上。

离热源较远的地方和立体多层饲养架的底层池，温度会比离热源较近和上层池温度偏低一些，饲养土中沿池壁部分因水珠流下而比较潮湿，这些地方要经常检查，发现湿度大时可加干土或草木灰调节。

(3)通风换气：加温饲养室的保温性能与通风换气是一组矛盾，保温性好就要加强封闭，通风性较差，室内空气新鲜度就差。如果加温饲养室长期缺氧，轻则地鳖虫生长发育迟缓，重者会引起窒息死亡。如果通风换气方法不正确，加温饲养室内温度波动较大，地鳖虫就会因不适应温度巨变而生病，造成死亡率较高。为了不使加温饲养室温度大起大落，应该做好以下 3 方面的工作。

①煤炉内煤的燃烧不能消耗加温饲养室的氧气：最好在加温饲养室前墙下部开上、下 2 个口，上口是加煤的炉门，下

部是通风、储灰的部位。把炉子建在室内，在外面烧火，火炉燃烧消耗的氧气由室外供给。

②通风换气口设置要正确：进气口应设在加温饲养室前墙的基部，方形和圆形均可。排气口应设在后墙的上部，形成对流的走势。进、排气口都要设盖，不通、风排气时通风口关闭，减少散热。

③先升温后换气：有恒温装置的控温饲养室可以随时打开进、排气口，当换气引起室温下降2～3℃时，可以停止换气，关闭进、排气口；当恒温系统把饲养室温度升到应控制的温度时，还可以再开进、排气口换气。如果没有恒温控制系统的，在通风换气以前先把火炉打开，火生旺，使室内温度超过所控制的温度1～2℃时开始通风换气。当室温低于所控制的温度1～2℃时停止通风换气，每天通风换气2～3次。

(4)饲喂：加温饲养条件下，地鳖虫始终处在新陈代谢旺盛的状态，生长发育迅速，饲养和管理要参照夏季常温养殖的方案进行。但是，青绿饲料和多汁饲料可能不足，所以准备实行加温饲养的场，夏季时要种一些大白菜、胡萝卜等，冬季多喂些大白菜、胡萝卜等。青饲料缺乏时可加入禽用复合维生素和酵母等，以满足地鳖虫对维生素的需要。

冬季加温饲养的场，还可以利用豆腐渣、粉渣做饲料。豆腐渣和粉渣不仅有营养，而且适口性好，价格低廉。利用豆腐渣和粉渣时，要熟制后搓碎饲喂。

加温饲养的情况下，雌成虫产卵率高，每月每只要产7～8枚卵鞘，消耗了大量营养，因此必须保证饲料的营养水平和数量，特别是必需氨基酸、维生素和微量元素，其次是脂肪。

(5)搞好卫生：加温饲养的条件下，由于室内高温，寄生虫和病原微生物生长很快，必须保持室内清洁卫生和加强消毒工作，否则寄生虫和病原微生物滋生会影响地鳖虫的健康。

饲养室内尽可能减少人员进出，室内不能吸烟。地鳖虫的排泄物、生病的虫体和死虫以及尚未食尽或变质霉烂的残食应及时清除。

(6)加温饲养应注意的问题

①注意饲养土的温度变化：地鳖虫是在饲养土中生活，所以地鳖虫饲养温度是指饲养土的温度。为了掌握饲养土温度的变化，应选择几个有代表性的位置经常测定饲养土的温度，并做好记录。

一般情况下，多层饲养池上层饲养池里饲养土温度最高，所以最上层和靠近加热炉的饲养池要经常测温，边远饲养池和底层饲养池虽然温度偏低，但比较稳定，也要经常观察记录，掌握与上层池和近热源池的温度差距。

在加温饲养室内，室温仅做参考，主要是掌握饲养土中的温度。如果发现上层池和靠近热源池内饲养土温度达到32℃，就应该停止供热，使温度不再上升，否则这些池中的地鳖虫就有不适的感觉。

②根据不同虫龄对温度的要求选饲养池：加温饲养室内立体多层饲养架上的不同池位，温度也有差异。

生产中测定发现，上层池内土温比下层池内土温高2～3℃，下层池内土温最低。而地鳖虫虫龄不同对土温的要求也不相同，孵卵要求温度28～30℃，幼龄若虫、中龄若虫要温度28～32℃，成虫要求温度25～28℃，因此幼龄若虫、中龄若虫应放在上层池中和近热源的池中；孵化的卵鞘应放在中层池中；成虫应放在下层池中，这样安排符合地鳖虫各发育阶段对温度的要求。

③饲养土温度不能忽高忽低:加温饲养地鳖虫不要求绝对恒温,但应尽量保持饲养土的温度稳定。

生产实践证明,昼夜温差不超过5℃时,不影响地鳖虫的生长发育;超过5℃时,就会影响生长发育;超过10℃时,将导致大批死亡。所以,在加温饲养情况下,应尽量保持饲养土温度稳定。有恒温控制系统的,能保持恒温最好,不能保持恒温的尽量温差不能超过5℃。

④在暖室工厂化生产中,当种源达到饲养面积而商品虫药材有销路,这样可以提高养殖次数,当第一批虫有4个月时,可以孵化第二批幼虫,这样,1年中可达2次以上养殖的目的。

四、科学投喂

1. 饲料的投喂

饲料是地鳖虫生长发育、交配和繁殖等生命活动的前提条件,若地鳖虫得不到充足的食物,则容易引起自相残杀和生长缓慢等现象,若饲料单一,则会引起地鳖虫的蜕皮困难或是蜕皮次数减少;若是投食过量,则会造成浪费,在温度高的情况下还容易引起食物变质,造成地鳖虫发生疾病。所以,应科学合理地喂食。

在虫体的发育阶段中,初龄若虫食量小,以喂精料为主,促进其发育健壮,增强抗病能力,1个月后再适量搭配粗料。虫体发育到中龄期,即6龄以后的若虫及成虫,其进入暴食阶段,以喂粗饲料为主,搭配精饲料。处在产卵期的成虫,需要的蛋白质等营养素含量较高,以喂精饲料为主,并且增加动物性饲料。饲喂要定时、适量，分散与集中相结合。

一般情况下，若虫在天黑就出来活动觅食，天亮前又重新入土隐伏。因此，喂食应在傍晚前后进行，且在高温季节通常早上投放青饲料，晚上投喂精饲料。

喂食次数低温月份通常可以 3 天喂 2 次，高温月份每天喂 1～2 次。喂食量的多少根据饲养密度而定，虫多则量大，虫少则量少。食料应放在食盘里，每次喂食后应注意观察饲料余、缺情况，掌握“干湿相兼，精粗搭配，精料吃完，青料有余”的原则，既要地鳖虫吃饱，又要避免浪费。

投喂的食料一定要新鲜，无腐烂变质。若地鳖虫摄入腐烂变质的食物，则容易患肠胃炎等疾病，甚至导致死亡。

2. 科学喂水

地鳖虫虽然怕水，但需要一定的水分。水分供应适宜时，虫体光泽明显，否则会影响到蜕皮，甚至会脱水死亡。

通常地鳖虫所需的水分从所饲喂的青绿叶饲料中吸取，若喂固体饲料时则应加设饮水设施，如小碟或盘等。根据碟盘的大小在里面放置大小合适的海绵，平时喂水时把海绵块泡湿，以不见明水为宜，以免淹死若虫，晚上地鳖虫出来活动时，需要水分的虫体爬到潮湿的海绵上自动吸取，或是进行自身的调湿。

海绵和碟子、盘子要清洗干净后并用 0.1%的高锰酸钾或 2%的食盐溶液进行消毒后再使用，而每隔 1 周左右消毒 1 次，水要经常更换，保持新鲜，2 天左右换 1 次，夏天或加温养殖一定要经常检查水质，污染后及时更换。

五、管理好蜕皮期间的虫体

地鳖虫在蜕皮前后食量较少，这时可以少喂食；蜕皮期间停止进食，这时则可不喂；当发现饲养土表面有较多的虫皮时，则说明蜕皮基本结束，这时要加强营养，加快虫体的生长发育。蜕皮期间要注意饲养土的湿度，使饲养土湿度保持在适宜虫体蜕皮的范围之内。

蜕皮后的地鳖虫活动能力较差，这时不宜翻动饲养土，以免碰伤虫体感染病菌而引起不必要的死亡。

投喂饲料时要合理搭配，如精、粗、青饲料及适当添加些蜕皮素和保幼素，还可以加快虫体的蜕皮时间及促进虫体的生长发育，使虫体加快进入成熟期，从而缩短养殖周期，提高经济效益。

地鳖虫的粪便和蜕下的皮对其生长影响不大。因其粪便含水量不高，在温、湿度适宜的情况下不会腐烂污染饲养土，但虫体蜕皮多了会影响观察地鳖虫的吃食与活动，有些蜕下的皮也会带有螨虫之类的寄生虫，在发现土表土有大量的虫皮时要处理掉，若量少则可在去雄时一起将皮与粪便用筛子去掉，重新换上新的饲养土即可。

第二节　地鳖虫的分龄饲养管理

地鳖虫的生长速度与其摄食能力密切相关，即使同一批孵化出来的地鳖虫，其生长差异也很大。若饲养密度过大，食料不足，温度、湿度不适或缺少某些营养物质时，常出现抢食、大吃小、强吃弱，未蜕皮的吃正在蜕皮的现象。为减少此类情况的发生，就要把不同龄期的幼虫分开饲养。分级饲养的优点不仅可以满足不同虫龄地鳖虫的营养需要、防止或减少大小虫龄的地鳖虫互相残杀现象的发生，也是便于虫体的管理和采收。

地鳖虫分为幼龄若虫、中龄若虫、老龄若虫和成虫 4 种级别进行饲养管理。但是区分虫龄比较困难，一般可以根据虫体大小和形状来分级，如芝麻型（形似芝麻）、黄豆型（形如黄豆）、蚕豆型（形如蚕豆）等。

一、幼龄若虫的管理

幼龄若虫是 1～3 龄的若虫，虫期约 2 个月。幼虫刚孵出时为白色，虫体大小形似芝麻，蜕皮 2 次后呈浅黄褐色，身体似绿豆般大小。

幼龄若虫虽然很活跃，但活动能力较差，觅食、抗异能力也差，幼龄若虫期是地鳖虫饲养过程中最难管理的阶段。

1. 环境条件

首先要给地鳖虫幼虫创造适宜蜕皮的环境条件，配制的饲养土要细、宜肥、湿度宜小且疏松，饲养土厚度不宜太厚，一般在 7～10 厘米左右，比较适宜幼虫的生长发育。温度控制在 28～32℃，饲养土的湿度控制 15％～18％，空气湿度控制在 65％～70％时。

2. 密度

1～3 龄的幼虫饲养密度每平方米在 10 万～13 万只（虫体重量约 0.3～0.4 千克/平方米）。

3. 饲喂

刚孵出的幼虫 1～9 天内不摄食，所以不用投食。地鳖虫幼虫一般每10天蜕皮1次，因此，要从第10天开始用小饲料盘投喂少量的精饲料，如玉米粉、面粉、豆粉、麸皮等，再配以少量炒香的糠麸类、少量鱼粉或蚯蚓粉以及鲜嫩的青菜、瓜果等带水分且适口的饲料。

平时饲喂时饲料中要配合鱼粉等动物性饲料，并加入一些畜用生长素、酵母等添加剂，以促进其生长发育。还应加入一些土霉素粉防止疾病发生，土霉素粉加入量应为饲料总量的0.02%。

因若虫体小，活动力弱，常在饲养土表层中活动，而且多集中在饲养池的边缘。每1～2天投喂1次，每次喂量按1万只若虫投喂精料500～1000克计算，投喂时将饲料均匀地撒在饲养土表层，并在饲养池的四周边缘多撒一些，撒完后用手指插入饲养土2厘米左右，来回耙2次，使饲料混入表层饲养土中，便于幼龄若虫取食。

白天投喂后要进行遮光，以利幼虫出外吃食。幼虫虽然习惯白天出来觅食，但仍然怕强光，所以投喂后应创造暗的环境。

4. 分池

幼虫在适宜温湿度中的环境中生长，一般要10天脱皮1次，每蜕皮1次，体积、体重都要增加1倍左右，如不及时分池，会使虫由于密挤而瘦小瘪弱，还会引起以强欺弱的情况，严重的还会引起批量死亡，所以及时分池，是养殖过程中增产的不可缺少的环节。

(1)分池时间：脱皮3次以上幼虫，过密时会爬上四周池壁(除天气突然变化也会有这种现象)，当饲料撒下去饲养土呈波浪形翻动时，则需要进行分池。

(2)分池方法:幼虫分池前要先准备好饲养土,把移入池中铺6～8厘米饲养土,再从移出池中取出一半的连土带虫的饲养土放入移入池中,不要过筛。分走过幼虫的池还必须把饲养土加到稍超过原来的厚度。一般经过4次分池后幼龄若虫便长成中龄若虫。

(3)注意事项

①在寒冬分池时,饲养土要预热,使温差不超过5℃。

②分池后的食量除第一次要增加外,在其后几天会有所下降,待3～5天后才恢复。

③分池后的虫数不能过密,应稍有余地,因其不断生长,需要一定的活动范围。

④在食量减少,脱皮阶段切忌分池。

5. 其他管理

(1)每2天清除1次饲养土表层剩余的饲料,以免霉变污染饲养土。清除剩料的方法是白天揭开饲养池(盆、钵、箱)上的遮光物,透进强光。由于幼龄若虫怕强光就往饲养土中钻,经过1～2小时方能刮取表层带饲料残渣的土。刮取土表层也不能深,因为这时的幼虫入土深度只有3厘米左右,刮得深了会把地鳖虫幼虫一起刮走。

(2)定期洒水保持饲养土的湿度为15%～18%。

(3)要注意防螨虫、防蚁害,一旦发现,应立即采取措施予以清除。

(4)平时要注意观察幼虫的生长速度,及时调整饲料和饲养密度。

(5)在池周围100米之内,严禁放置和使用农药、化肥等。

(6)注意防止幼虫逃逸。

二、中龄若虫的管理

中龄若虫是指4～6龄的幼虫，生长期已达3个月左右，经过3次以上的蜕皮，由绿豆型若虫长为黄豆型若虫。

中龄若虫活动能力逐渐增强，栖息在表层3厘米左右的地方，下深至6厘米左右，由土表层中觅食开始出土觅食了。中龄若虫的采食量日渐增加，采食青饲料的能力日益增强，因此其抗病能力也在不断地提高。

1. 环境条件

中龄期的若虫正是生长发育的主要时期，饲养土的厚度在10～15厘米比较合适。这时要注意保持饲养土的适宜湿度为20%，气温控制在28～32℃。

饲养室温度超过外界，室中就会出现干燥现象，就必须加以调节，在温差不大时，只要多喂一些青料，或精料偏湿喂来调节，过于干燥，就必须喷水，方法是用未喷过农药的喷雾机喷入与室中温差不大的水，池壁、池中等都要喷到，但要掌握“少、勤”的原则，逐渐喷加，切勿一次性加足，使环境突然变化，虫在池中不得安宁。

在湿度大时，就必须少喂粗青料，精料也可偏干，过湿时可加强室内通内，另外可加入少量干的饲养土来吸湿，也可“少、勤”为原则，直到达到虫生长所需的湿度。

2. 密度

这时期的若虫因食量大增，生长发育较快，虫体增大也较快，这时就需要及时进行分池饲养，以免饲养密度过大，影响摄食、栖息或是相互残杀的情况发生。这时期的若虫应每蜕皮1次就进行1次分池(分池方法同幼龄若虫的分池方法)。

饲养密度以每平方米4万～6万只为宜。

3. 饲喂

中龄以上的若虫可以自行出土觅食，为了使若虫出土觅食时不把泥土带到饲料盘内污染饲料造成浪费，可以在饲养土表层撒一层（3～4厘米厚）经过发酵腐熟后又晒干了的稻壳。将食物放在中饲料盘内，饲料盘放在稻壳上，当若虫出土觅食时经过稻壳层，可将虫体上所粘的土清除掉，虫爬到食盘上吃食时，不会把土带到盘里，可以保持饲料盘清洁。也可把塑料薄膜或纤维袋铺在饲养土上，把饲料撒在薄膜上。

（1）饲料搭配：应适当增加青绿饲料、多汁饲料的用量，适当减少精饲料用量。为了保证中龄若虫迅速生长和蜕皮的营养需要，蛋白质含量不得低于18%，在这一时期内要适当增加钙、磷成分，以满足其蜕皮和生长的需要，在饲料中可加入1%左右的酵母粉，以增进食欲加强消化。

饲料配方要相对稳定，特别是主料不能随时改变。如果需改变饲料配方，也不能突然改变其主要原料，应采取逐渐过渡的方法，5～7天过渡完毕，这样不会影响地鳖虫的食欲。

（2）喂食次数：地鳖虫的食量与温度的高低有很大的关系，当温度降低时，其食量小；当温度升高时，其食量增大。因此，在饲喂地鳖虫时，根据温度的高低相应地调整喂食的次数。

在温度低的晚春和秋季，地鳖虫的活动及消耗随温度的降低相应地减少，其摄食量也减弱，这时可隔2～3天喂食1次。气温高的季节可每天喂食1次。

（3）喂食量：每次投喂量是1万只若虫，喂精料4000～5000克，青饲料5000～6000克。

原则上掌握精料先吃完，青料有点剩余，既要虫体吃饱，又避免浪费饲料。每次投饲量要根据饲料盘上饲料剩余情况来定，每次投饲前饲料盘内饲料都被吃完，说明地鳖虫食欲旺盛或投饲量不足，可以在下次投饲时多投一些；如果每次投饲前盘内都有剩余的饲料，说明投饲量过大，下一次投饲时可以少投一些；如果每次投饲前检查饲料盘内的饲料基本吃完略有剩余，说明投饲量正合适，下次投饲还投这么多。

投喂水分多的青饲料应在早晨进行，精料在傍晚投喂较好。这时给虫体喂精料时要注意给地鳖虫设置饮水器，以免高温天气水分蒸发虫体脱水而死。食盘和剩余的料要及时打扫清理，以免发霉变质引起虫体发病。

由于各龄期的地鳖虫在蜕皮前后，食量明显减少，或不吃，当蜕皮时，虫体完全停止进食。这时投食可以停止或少投喂，当养土表面具有大量的虫壳时再投喂。

4. 其他管理

(1)喂料后饲料板或饲料盆应 3～4 天清洗 1 次，清洗后晒干再用，保持清洁，减少疾病的传播。

(2)定期洒水保持饲养土的湿度在 20%左右。

(3)要注意防螨虫、防蚁害，一旦发现，应立即采取措施予以清除。

5. 食用加工

蜕皮 6 次的地鳖虫，刚脱完皮时即可用于食品用工。

三、老龄若虫的管理

老龄若虫是指经过 4～5 个月生长，体形已从黄豆形长到蚕豆形大小的 7～8 龄的老若虫，是中龄若虫的生长发育的继续，在形态生理上没有什么大的变化，其饲养管理方式跟中龄若虫相似。

1. 环境条件

老龄若虫的温、湿度要求同中龄若虫，老龄若虫的饲养土厚度继续保持在 10～15 厘米。

2. 密度

老龄若虫的养密度控制在每平方米 1.5 万～2 万只。

3. 饲喂

由于老龄若虫最后变为成虫，由生长期转入生殖期，因此饲料中的精饲料要适当增加（蛋白质含量不低于 20%），青饲料则要适当减少，为将来提高产卵率和种卵质量打下良好的基础。每万只老龄若虫每天要饲喂 5000～8000 克，青饲料 4000～5000 克。

4. 选留雄虫

当老龄若虫进入 9 龄时，雄虫也渐趋成熟，继续饲养将会长出翅膀，失去药用功能，所以这时就要去雄留种。

在人工饲养条件下，雄虫占总虫数的 30%左右，一般认为在人工控制的条件下有 15%的健壮雄虫，就完全可以满足交配的需要，不会影响卵的受精和孵化。多余的雄虫在长出翅前挑出，进行加工处理作为药用。这样不但可节省大量的饲料，还可提高养殖面积，增加经济效益，而且还不影响交配。

选择时把发育早、体形大而健康、反应能力强、爬行速度快的雌成虫留做种虫，集中于一池饲养，同时选择占雌虫数 15%左右的健壮雄虫进行交配繁殖，产生优良后代。这种工作每隔 5～7 天进行 1 次，直到留够自己需要的留种雌虫数为止。

留种雌虫养殖密度为每平方米3500～5000只(包括雄虫在内)。

5. 分池饲养

由于个体的差异,在同样的饲养管理条件下,地鳖虫的老龄若虫进入成虫期也有先有后,往往有的进入成虫期已经产卵了,但有的老龄若虫还未蜕最后1次皮。此时的老龄若虫与成虫外部形态基本相似,如不分出成虫另池饲养,少量雌成虫产的卵鞘就会被老龄若虫吃掉。这时饲养管理的重要任务是把雌成虫拣出,转移到另一成虫池饲养,这样可以减少卵鞘的损失率。

一池老龄若虫往往要分池3次,所有的老龄若虫才变成成虫。

6. 定期除粪

老龄若虫的食量不断增大,其排在池内的饲养土表层的虫粪也会增多,在高温高湿的情况下,容易导致虫粪发热霉变,滋生螨虫或线虫等寄生虫,严重影响地鳖虫的生长发育。因此,要定期清除虫粪,最简单易操作的方法是待地鳖虫蜕皮后,将表层0.5厘米内的饲养土及虫粪全部刮除,并随即补入新饲养土。这样处理几次后,饲养土的清洁度就会得到很大的改善。

7. 其他管理

同中龄若虫期的管理。

四、成虫的饲养管理

当老龄雌性若虫经蜕皮9～11次,雄虫经7～9次蜕皮后,其完成最后1次蜕皮,此时都具有生殖能力,即进入成虫期。但同一池的地鳖虫，由于受环境因素及个体的体质不同，其进入成虫期也有所不同。体质好，摄入营养充足的已经开始产卵，而有的还未完成最后 1 次蜕皮。因此，在留够产卵的种虫外，其余的雌虫应分批采收。

1. 环境条件

成虫期是繁殖期，饲养土的厚度在 15～20 厘米较为适宜。成虫期适宜的温度是 25～32℃、空气湿度是 70%～75%，土壤湿度在 20%为宜，若高于或低于这个温度、湿度范围时，地鳖虫交配次数则减少，若温度高于 35℃，而当湿度低于 15%时，地鳖虫则很少交配或不交配。因此，湿度不足和湿度过大时，分别采取措施。

2. 密度

成虫期的饲养密度控制在每平方米在 0.5 万～0.7 万只，产卵期的成虫每平方米在 0.3 万只左右，过高会影响其产卵量。

3. 饲喂

进入成虫期的地鳖虫，具有生殖能力，其交配、繁殖所消耗的能量较多。因此，这时期要更换为大饲料盘，投喂的饲料应以精料为主，提高豆饼类粉、骨粉、鱼粉、酵母粉等的比例，适当添加动物性蛋白质饲料，蛋白质水平应提高到 25%左右，适当搭配青菜叶、多汁瓜果等类的饲料，以满足成虫的营养多样化、平衡的需要。以便提高成虫的产量、药用功效及卵鞘的质量。

4. 产卵期管理

(1)产卵：雄成虫交配后 1 个月左右死亡，雌成虫交配后 1 周左右开始产卵。

地鳖虫人工养殖过程中，产卵虫管理是比较严格的，饲养密度要疏些，每平方米不超过400～500只。产卵虫不仅对湿度要求大，而且要求空气更为新鲜，适宜温度为25～32℃。饲料要求营养丰富，要增加动物性饲料，加大青饲料比例，以调节水分。要增加饲养土厚度，一般为20厘米左右。产卵虫饲养土的湿度以20%为宜。

(2)筛卵：大规模养殖时通常在雌虫产卵后第一个月每隔10天筛取1次卵鞘；第二个月筛取2次，间隔为15天1次；第三个月相隔25天筛取1次；产卵期进入第四个月后，每个月筛取1次。

筛卵的方法见本书第四章第三节的相关部分。

为了掌握雌成虫产卵的情况，应制表做详细登记，登记内容包括池号、面积、饲养土配制比例、厚度、雌成虫投放数量、每次筛卵鞘日期和数量等。

(3)换饲养土：饲养土是地鳖虫的主要栖息场所。在养殖过程中，由于地鳖虫的粪便、卵壳以及被拖入土中的食物残渣和尸体在潮湿的养土中容易霉烂、变质，有利于病菌等寄生虫的滋生和对蚂蚁的引诱，不利于地鳖虫的生长发育。因此，地鳖虫的养土最好在0.5～1年左右更换1次较好。更换时要在筛取卵鞘的过程，刮去表层3厘米左右的饲养土，再换上新的经消毒预热过的饲养土。

(4)疾病预防：地鳖虫的适应性强，抗病力也强，很少患病。但仍然要加强检查，发现采食少、活动迟缓、白天不进入饲养土的不正常的成虫立即清出，查明原因，采取有效措施保护其他成虫，以免再出现类似现象。

5. 采收

产卵后期不仅产卵鞘的间隔时间延长，产卵鞘的数量减少，而且所产的卵鞘质量降低，因此只要收集的卵鞘数量已经满足了要求，就可以把成虫提前采收加工，所获得产品质量不受影响。如果等到产过卵以后处理成虫，由于产过卵以后的成虫腹部干瘪，身体扁平，体表失去光泽，加工出的产品就质量差、售价低。

注意：采收地鳖虫要选择晴朗好天气进行，速度要快，一次性采收一大批，不能将连续几天采收的混合在一起。如果连续阴雨天，应采取烘干的方法，不能使地鳖虫变质、发霉。

第三节　地鳖虫的四季管理

地鳖虫为变温动物，随着环境温度的变化新陈代谢也有明显的变化。所以，随着四季的温、湿度的变化，管理也是不相同的。

一、地鳖虫的春季管理

春天气温开始回升，当室内温度升高至 10℃时，冬眠的地鳖虫便开始活动觅食。

我国面积大，跨越了多个气候带，春季南北气温回升的时间不相同，地鳖虫结束冬眠的时间也不相同。如浙江地区在 3 月下旬至 4 月上旬就结束了冬眠，开始活动觅食；而北京、河北一般在 4 月中旬至 4 月下旬才能结束冬眠，开始活动觅食；广东、福建南部气候温暖，地鳖虫没有冬眠期，一年四季都可以生长发育和繁殖。因此，北方地区若不是加温养殖时，一般在3月的中旬把覆盖在池面上的稻草、秸秆或塑料布等保温材料撤走，并打扫干净，特别是散落发霉的草屑或死虫要清扫干净，以免出蛰的地鳖虫出来活动时容易被感染发病。若保温材料撤走晚了，开始活动觅食的地鳖虫则会钻入稻草或秸秆内，不但清理麻烦，而且虫体容易感染上寄生虫之类的害虫。

1. 防寒保暖

早春气候多变，因此早春期间管理要点应以防寒保暖为主，夜间关门、关窗。大棚养殖的应用草帘将饲养室房顶部盖严，保持室内温度，白天应打开草帘接受阳光增加热能，避免白天与黑夜的温差过大，造成地鳖虫生理机能的不适应而死亡。

2. 合理饲喂

地鳖虫一出土活动就要进行喂食。开始要根据虫体的活动数量情况，宜少量勤喂。随着气温的渐渐升高，活动的虫渐渐增多，投食量也要随之增加。

地鳖虫经过漫长的冬眠之后，既渴又饿，身体虚弱。这一阶段的饲料要调的稍湿一些，并撒上一些青绿饲料和新鲜菜叶，任其自由采食。混合精料最好炒香，并拌以青饲料，以增进食欲。

3. 分池饲养

到4月下旬至5月底地鳖虫的活动、觅食开始恢复正常。越冬前并池饲养的地鳖虫这时要分池饲养，分池时新池应添新饲养土，老池也要去掉一部分旧饲养土、换一部分新饲养土。换饲养土的方法有以下4种方法。

(1)结合分池饲养去掉一部分旧饲养土，增加一部分新饲养土。

(2)结合筛取卵鞘，去掉表层2厘米左右厚的一层饲养土，换上新饲养土。

(3)从幼若虫饲养到成虫，结合采收加工，去掉一部分旧饲养土，换上一部分新饲养土。

(4)根据饲养池中发生病、虫害的情况更换饲养土。

二、地鳖虫的夏季管理

夏季气温高，是地鳖虫生长、发育、产卵最旺盛的季节，要做好防暑降温工作。

1. 增加饲料量

夏季地鳖虫活动量大，虫体内水分消耗很大，必须有足够的水分补充，在这段时间宜多喂多汁的青绿饲料，如各种茎叶、瓜果、蔬菜等，糠类也应拌湿饲料。饲料尽量多样化，掌握精料搭配，以青为主，合理饲料。同时根据虫体食量的变化，增减投饲量，宜少量多餐，尽量减少残渣，避免病菌产生。

2. 做好防暑降温工作

夏季气温高而干燥，气温超过35℃，地鳖虫身体失水量增加，死亡率高，卵鞘损失率也增加。这时要进行防暑降温，方法是室内地面洒水，打开窗户通风换气，通过这样的方法把室内温度降到35℃以下。

3. 防止虫害和敌害

夏季打开门窗通风换气时，要防止鸡、鸭、猫、鸟、老鼠等入内吃地鳖虫，同时要防止蜘蛛、蝎子、蜈蚣等进入饲养室吃地鳖虫小若虫。其方法是门、窗都装纱门、纱窗，并注意随时关纱门、纱窗，防止敌害侵入。

饲养土要半个月左右翻动1次，以便检查土中是否有害虫的存在，若有就要及时处理。

4. 夏季梅雨季节防湿

夏季梅雨季节到来时，容易出现阴雨连绵，且阴湿闷热，特别是东南沿海的江苏、浙江一带更是如此。这时室内湿度大，高温下霉菌容易生长、病原微生物容易滋生，地鳖虫容易生病。梅雨季节应做好以下几方面的工作，降低地鳖虫的发病率。

(1)控制饲养土的湿度：饲养土的湿度要小一些，如果饲养土湿度大，可以用加干土或干的草木灰、炉灰等降低饲养土的湿度。

要少喂青饲料和多汁饲料，即使喂也要先晾一段时间，待水分散失一部分以后再投喂。

(2)防止饲料发霉变质：投喂精料时要少量多次，每天晚上投料后，第二天早晨一定要检查饲料是否吃光，不能有剩食。同时为防止饲料变质和地鳖虫疾病，可在精饲料中加一些四环素、土霉素、酵母片等药物，防止地鳖虫因湿度太高和饲料的霉变而引发病害。

三、地鳖虫的秋季管理

早秋季节气温还比较高，是生长的季节；到了晚秋天气已经转凉，随着气温的下降，地鳖虫活动减少、生长缓慢、产卵的成虫产卵量减少，管理工作的中心是让地鳖虫顺利进入越冬期。

1. 做好保温工作延长秋季生长期

室外饲养池在秋季气温由高转低时，可在饲养池上盖上塑料薄膜，塑料薄膜上再覆一层草帘子，白天阳光充足时把草帘子揭起，让阳光射入池内，提高池内温度；晚上或阴天把草帘子放下，保持温度，不让池内温度散失过快，这样在秋季可以延长生长期1～1.5个月。同时，要增加池内饲养土的厚度、越冬期饲养土的厚度比夏季要厚3～6厘米，以利保温。

室内池晚秋要注意关闭门窗、糊严缝隙、封闭透风口，不使凉风进入室内，保持室内温度下降缓慢，让其多生长一段时间。同时要增加室内饲养土的厚度，在饲养池上加盖塑料布等。越冬时饲养土厚度要比夏季厚5～6厘米，以利保温。

2. 提高越冬地鳖虫的体质

越冬前1个月要注意给地鳖虫增加营养，饲料方面可适当增加精料和蛋白质饲料，以增加地鳖虫脂肪的积累，增强体质及抗病能力，为更好地度过漫长的冬季做好准备。

3. 检查饲养土中是否有虫害

不加温养殖的冬眠前半个月要对每个池中的饲养土翻动1遍，检查饲养土中有无害虫。如果发现饲养土中有害虫，及时消灭，保证地鳖虫安全越冬。

4. 并池饲养

不加温养殖的晚秋冬眠以前，要把规格相同的地鳖虫2池合并为一池饲养，这样既便于管理，又因饲养土厚和地鳖虫密度大而利于保温。

5. 调节好饲养池的干湿度

不加温养殖的冬眠前还要把饲养土调干一些，如果饲养土湿度偏大，可加一些干土或草木灰把其调干。饲养土偏干可增强地鳖虫的抗寒能力。

四、地鳖虫的冬季管理

进入冬季，要在秋季保温工作的基础上，应做好冬季的防冻保温工作。

1. 保证入冬前的饲料供给

地鳖虫冬季消耗大量能量，故入冬前能量、脂肪类饲料喂给宁多勿少。

2. 越冬前检查

越冬前对每个饲养池的地鳖虫进行检查，对老、弱、病、残的虫体要进行药用加工，以免越冬时死在池内，也免得越冬后因体弱而死亡。

3. 饲养土调湿

不加温养殖的根据饲养土的温度来调节饲养土的湿度，饲养土温度在 5～8℃时，应使饲养土湿度大一些，防止地鳖虫体内水分散失太多；温度在 0～2℃时，可使饲养土湿度偏干一些，有利保温。

4. 饲养池保温

不加温养殖的可在进入冬眠期后在池内饲养土上加盖一层 2～3 厘米厚的糠灰或草木灰保温；同时在池上加盖一层 6～7 厘米厚的稻草或草帘子(图 5-1)增加保温性能。

5. 温度调节

不加温养殖的地鳖虫进入冬眠时，生理上会发生一系列的变化。由于体内脂肪、糖分与肝糖的积累，使身体水分总量减少。体细胞结合水百分率显著提高，游离水百分率明显下降，所以即使没有特别的保暖设备，地鳖虫也能安全过冬。实验证明，地鳖虫在－30℃的低温环境下不会冻死，待来春温度

图 5-1　加盖草帘子的养殖池

回升到 10℃以上时，大部分都能解冻苏醒，并逐步活动觅食。这说明地鳖虫的耐寒性比较强。

虽然地鳖虫比较耐冻，但做好保温工作，为其创造良好的越冬环境也是重要的，地鳖虫的越冬温度为 0～4℃时，比较适宜。在寒流入侵，气温下降太快时，应做好防冻工作。相反，在冬季更应注意的是气温突然升高容易导致死亡，当气温高于 8℃时，地鳖虫呼吸新陈代谢加快，能量消耗增大。若是长期持续高温，使地鳖虫在越冬前体内积累的有限能量消耗过多，又不能得到及时补充，容易造成能量消耗过多而出现死亡。经验证明，地鳖虫在越冬过程中，因能量缺乏死亡的，比冻死、干死的多。因此，可以说地鳖虫在越冬时不怕冻而怕热，是有一定道理的。当温度超过 8℃时，应立即采取措施，降低温度，以保证地鳖虫能安全越冬。

5. 防鼠

地鳖虫在越冬期间要注意防鼠,1只老鼠1天要吃20多个地鳖虫,一冬要吃2千克以上,所以必须防鼠工作,并经常检查是否有鼠害的发生。

6. 不翻动饲养土

冬季除检查饲养土干湿情况外,一般严禁翻动饲养土。据观察,冬季翻动饲养土比未翻动饲养土的死亡率显著增加,特别是成虫死亡率会更高。这是因为翻动饲养土会损伤虫体(特别是地鳖虫的步足),造成体内能量消耗而死亡,或翻动饲养土而破坏了地鳖虫的自然冬眠姿态(如地鳖虫背向下的死亡率很高),而引起地鳖虫体内能量的消耗而死亡。

7. 加温养殖预防中毒

凡利用有烟煤及农业副产品作燃料时,要经常检查烟筒或火道、火墙是否密闭,有无漏烟现象,发现问题,及时修理;加煤过程中要防止煤烟或煤气进入室内,防止地鳖虫中毒。

另外,在加温养殖中,为了保温,室内窗户及缝隙往往被糊得很密闭,外面空气难以进出,而室内炉子燃烧又消耗氧气,时间一长,造成缺氧气,若不注意,则会导致慢性缺氧而死。因此,要注意定期开门,启动排风扇,及时交换室内空气,以保证做到高温不缺氧。

第六章　地鳖虫场的卫生防疫及疾病治疗

野生地鳖虫在自然条件下生命力很强，抗御病害和避开虫害的能力较强，分散栖居，即使有个别受到病原体的侵害生病死亡，也不会危及全群。但在高密度人工饲养条件下，因为活动范围缩小、生长迅速快等特点，病虫害更容易在群体中流行，因此平时要勤于观察，及时发现，及时治疗，并且做到以预防为主，治疗为辅，争取获得较高的经济效益。

第一节　地鳖虫场的卫生防疫

地鳖虫养殖的卫生防疫主要包括地鳖虫养殖场、饲养房的环境卫生、食物卫生和环境防疫消毒。

1. 环境卫生

环境是要靠人来维持和保护的，一旦有松弛或者忽略将会造成不必要的损失。因此，一定要做好环境卫生工作。

平时要对地鳖虫饲养场内外要勤打扫，清除杂物和垃圾，不让病原微生物滋生，保持经常性的清洁卫生。如卫生做不好，容易滋生病原体，影响地鳖虫的健康。

饲料盘要每天清洗 1 次，冬天每周要用高锰酸钾溶液(0.2%)洗食盘 1 次，用 2%氢氧化钠溶液地面消毒 1 次，夏天每2～3天消毒1次。

地鳖虫饲养池要经常检查，池壁应进行擦洗，走廊、墙壁要经常清扫，以尽量减少病原菌繁殖的机会。发现饲养池内有死亡的地鳖虫，应及时清除，并及时查明原因，给予处理。

调节好饲养舍内的温度以及饲养土的湿度。在温度变化较剧烈的时节，可以采取供暖措施，以维持室温的稳定；夏季气候炎热时，应加强房舍通风，还应采取洒水降温等措施。

2. 食物卫生

不管是哪种饲料，都必须新鲜，绝对不能喂腐败变质的饲料，以免引起疾病。当天投入的食物没有被地鳖虫吃完，第二天一定要清理干净残留物，以免放在饲养池中时间长了变质，地鳖虫吃了这些变质的饲料而引发疾病。

在喂食的饲料中拌入1%～5%的抗菌药物食用，如土霉素、金霉素、制霉素、酵母片等药物对防止疾病的发生有良好的效果，使用时选择一种碾碎适量的拌入食物当中投喂（药物要严格按照说明书使用）。

3. 防疫消毒

尽管地鳖虫饲养场的消毒工作不像养禽场那么严格，但必须要做好消毒工作。首先，清扫完毕后，应进行消毒，防止致病的细菌、病毒滋生。定期对各种设施和工具进行消毒灭菌，并形成制度。

（1）环境消毒：养殖场区定时清除杂草、清除垃圾，环境打扫完毕后，用0.02%～0.04%的福尔马林液进行喷洒消毒，以减少环境中的病原微生物的发生。

（2）室内消毒：新建的养殖棚舍清扫以后，或老的养殖棚舍在地鳖虫采收后进行彻底打扫，打扫以后的棚舍内必须经过消毒，消毒的方法是用30%的福尔马林溶液彻底喷洒。

(3)设施及工具消毒：养殖棚舍内的设备和工具，因养地鳖虫温度和湿度适宜，可能会有病原微生物附着后滋生，凡是可以搬动的，都必须定期搬出养殖棚舍，消毒灭菌后再重新使用。这些工具消毒方法有：大型工具或设施可用5%来苏儿或高锰酸钾喷洒消毒。养殖的器皿可用0.1%高锰酸钾浸泡消毒。平时每周消毒1次，用高锰酸钾和来苏儿交替使用。

(4)虫体消毒：用青霉素喷雾消毒，在傍晚地鳖虫出来活动时直接喷雾在地鳖虫身上，每隔1个星期1次。

4. 天敌预防

在养殖管理当中要随时提防天敌的危害，建池前后都要考虑周全。建池前后要严格按照建池指导进行安排工作，建池后要随时检查、观察，及时发现问题，尽快解决。

5. 预防中毒

给地鳖虫喂青饲料时一定要当心，防止有农药污染的饲料，盛装精饲料的蛇皮袋、器具都要避开、远离农药。

农药对地鳖虫有致命的杀伤力，蚊香、灭蚊剂也应严禁使用。

第二节　地鳖虫病虫害的防治

实践证明，地鳖虫患病，主要是由于饲养密度过大，饲料霉烂变质、饲料配比不均，池内温、湿度偏高或偏低等因素引起的。

一、地鳖虫病害的防治

1. 胃肠病

胃肠病俗称大肚子病、鼓胀病，实质是包括消化不良和胃肠细菌感染，这 2 种病可单独发生，如消化不良，但往往一起发生。即胃肠细菌感染得病后，干扰破坏了消化道正常功能，则会发生消化不良；而地鳖虫消化不良时，降低了消化道抗病能力，又易感染病菌而得胃肠病。

【发病原因】本病常发生在每年的 4～5 月份或 9～10 月份。一般认为是由于饲养管理不当，地鳖虫采食了发霉变质饲料或喝水太多，冲淡了消化液，减低了消化功能后易引起发病。此外，由于投喂饲料太多或不正常，致使地鳖虫贪吃暴食，或饥饱无常亦会导致消化不良。

【发病症状】病虫的消化道内充满食物或气体而引起膨胀，致使腹部肿大，爬行不便，腹泻粪便变成绿色或酱油色，严重时行动呆滞，食欲减退，捕食不主动、不积极，虫体无光泽，可见褐色斑，腹部节间膜不能收缩，体内充满乳白色液体，而且难以蜕皮，由于肠道运动不正常，病地鳖虫排粪异常，粪便时硬结时稀烂，时多时少，其粪便呈绿色或酱油色。若不采取措施，可造成地鳖虫死亡。孕地鳖虫一旦发病，可造成体内胚胎发育终止或不孕。

【预防措施】

(1)在春、秋季气温变化比较大的季节，投喂饲料要新鲜。投食量随天气变化而定，温度高时多投，温度低时少投，并少投或不投青绿多汁饲料。投喂量及投喂时间要有规律，不能变化无常。

(2)阴雨连绵湿度大时,要打开门窗通风换气,降低饲养土湿度,使空气保持新鲜。

(3)在精饲料中添加一些抗菌药物,有助于预防消化道疾病。土霉素按饲料的0.02%添加,或磺胺脒按0.03%添加,都可以起到防病作用。

【治疗方法】发现地鳖虫患此病,立即拣出病虫进行处理,并采取下列措施。

(1)取出表层饲养土,更换新饲养土。

(2)停喂青料,投喂干料。

(3)药物治疗

①在100千克饲料中添加100克黄连粉或100克大蒜粉连喂3～5天,有治疗作用。

②在每千克饲料中加入2克酵母或酵母片和1克复合维生素B,每天喂1次,连喂3～5天,对消除肚胀,促进食欲亦有良好的作用。

③按每0.5千克饲料加无味氯霉素粉4克、酵母片6片(研末)的比例搅拌均匀,每天1次,连投3～4天。

④因动物性饲料比例过高,消化不良引起的膨胀病,可在250克饲料中添加5～7片胃蛋白酶片(压碎混入),连投3次。每次投料要少,让其吃完。

2. 胃壁溃烂病

胃壁溃烂病若虫期发病少见,而成虫期发病较多。

【发病原因】造成此病的原因,多为喂食不当而引起。如长期喂精饲料,或精饲料中动物性饲料比例偏大,又缺乏或根本不喂青绿多汁饲料;或投饲过多,剩食没及时清出在饲养池中发霉变质,被地鳖虫取食而引起。

【发病症状】地鳖虫体腹下部中段呈黄、黑色斑点，用手挤压易破，胃内积食，胃壁粘连节间膜，不采食，行动缓慢。生长较慢或停止生长，不交配，不产卵。严重时节间膜溃破，流出臭液而死亡。

【预防措施】

(1)注意保持饲料新鲜卫生，还应掌握精、粗、青饲料搭配喂食。

(2)投饲量要根据其吃食情况而定，避免剩食，如有剩食要及时清理。

【治疗方法】

(1)及时打开门窗进行通风换气，使饲养室内空气新鲜，并更换潮湿的饲养土。

(2)暂时停喂动物性饲料，注意保持饲料新鲜卫生，喂食时应少量多次，防止饲料变质。

(3)药物治疗

①对发病的虫群，每千克饲料中加入酵母片 20 片(磨成粉)拌入饲料，同时还加入 0.04%土霉素粉和 0.05%复合维生素 B 粉。

②每 5 千克虫体投酵母片 4 片(磨成粉)，同时在饲料中拌入 2%食盐水，可以减轻症状。

3. 绿霉病

绿霉病又称体腐病或软瘪病，为真菌感染所致，是一种对地鳖虫危害性较大的主要疾病之一。

【发病原因】由于梅雨季节高温多雨，空气湿度大，适于霉菌的生长繁殖；加上饲养土温度、湿度增加，饲料残渣容易腐败变质，地鳖虫在饲养土上面爬行、觅食时就容易被霉菌感染而生病，如果饲养密度大时，还会因地鳖虫之间的接触而传播本病。

【发病症状】由于地鳖虫腹部寄生了大量的霉菌，使腹部呈现绿色，这是霉菌菌丝的颜色，同时霉菌寄生在腹部会损伤腹部、消耗其营养物质，还会使霉菌所产生的毒素进入身体内部而中毒，这样地鳖虫行动呆滞，不愿活动，白天不肯钻入饲养土，晚上不觅食，最后因身体瘦弱衰竭而死亡。

【预防措施】

(1)在夏季高温、高湿季节到来时，要随时检查养殖池中饲养土的干湿度，使饲养土湿度保持在15%左右。

(2)高温、高湿季节，饲料要拌得偏干一些，要减少青绿、多汁饲料的用量，投放后剩余的青绿饲料要及时清出，饲料盘周围被地鳖虫带出的饲料也要一起清除，以免污染饲养土；饲料盘要每天清洗1次，夏天每2～3天消毒1次。

【治疗方法】

(1)发生本病后，可用1%～2%福尔马林溶液喷洒池壁或虫体，进行消毒灭菌。对死亡在池内的病虫，取出处理掉。

(2)药物治疗

①每千克饲料中拌入1克金霉素或土霉素粉，连喂3～5次，每天1次。

②用1克四环素糖粉溶解后拌入0.5千克饲料，撒在饲料盘中饲喂，直到痊愈。

4. 斑霉病

斑霉病又称真菌病，是一种季节性很强的疾病，一般多集中在高温季节，往往大面积感染。

【发病原因】饲养土潮湿(湿度高于20%以上)时间较长，

且气温较高的情况下适合真菌的大量繁殖，并趁虫体抵抗力在高温高湿下大大降低的机会，随着呼吸道和消化道侵入体内。

【发病症状】患病初期病地鳖虫表现极度不安，往高处或干燥处爬，食欲大大降低，行动呆滞，接着后腹部不能蜷曲，肌肉松弛，全身柔软，体色光泽消退。严重时身体出现黄褐色或红褐色的小点状霉斑，大小不一。活动减少，行动呆滞，负趋光性不明显，不食，几天后死亡，尸体内充满绿色霉状丝体集结而成的菌块。

【预防措施】

(1)定期消毒，同时调节环境湿度，保证土壤湿度在15%～20%，湿度偏低时可用百毒杀(1∶600)喷洒消毒。

(2)将病死地鳖虫尽快挑出处理。

【治疗方法】土霉素 1 片，酵母片 1.5 片，加水 400 毫升，溶解后让地鳖虫饮水，每日 2 次，2 天可治愈。

5. 黑腐病

黑腐病又称体腐病。

【发病原因】多因地鳖虫饮食腐败发霉等变质饲料，或不洁净的饮水；健康的地鳖虫啃食了病死地鳖虫尸体后，导致黑腐病的发生。

【发病症状】早期病地鳖虫前腹呈黑色、腹胀，活动减少，食欲不振甚至不食，继而腹部出现黑色腐败型溃疡性病灶，用手轻轻挤压会有黑色污秽流出。病地鳖虫多在病灶形成时即死亡。病程较短，死亡率很高，死的地鳖虫身体松弛，组织液化。

【预防措施】

(1)保证饲料和饲料虫新鲜可口，饮用水清洁，经常洗涤盆具(食盘、水盘、海绵等)，及时清除地鳖虫池中饲料昆虫的残骸和死亡或变色的饲料虫。

(2)拣出死地鳖虫，并对死地鳖虫池进行全面喷雾消毒，可用0.3%高锰酸钾，或1%～2%福尔马林，或百毒杀1∶600倍液对地面、墙壁、地鳖虫池喷雾消毒。

【治疗方法】

(1)大黄苏打片0.5克，土霉素0.1克，配合饲料100克，拌匀投喂。

(2)小苏打片0.5克，中效或长效磺胺0.1克，配合饲料500克，拌匀投喂。

(3)复合维生素1克，红霉素0.5克，配合饲料100克，拌匀投喂。

6. 萎缩病

萎缩病又称为湿热病，是一种生理性疾病。

【发病原因】此病多发生在7～9月份的高温季节，各龄期的虫体均会发生。主要由于天气闷热，饲养土干燥，饲养密度过大，饲料含水量低，身体缺水或营养不良造成的一种湿热病。

【发病症状】患病虫体表面蜡黄无光泽，腹面暗绿色，有斑点，脚收缩，触角下垂，全身柔软无力，行动迟缓，不取食，胸部背面虽能形成蜕裂线，但蜕皮困难，多伏在饲养土表土层内较少运动或不运动，体形逐渐消瘦直至萎缩而死。

【预防措施】

(1)在高温季节，饲养土的湿度应比春、初夏和冬季适量大些，若饲养土干燥，老龄池和成虫池可喷水调节，待水分下渗湿润后，把池里的结块饲养土搓碎，再连喷 2～3 次水后即可达到饲养土上、下湿润。幼龄若虫池要把饲养土筛出来，湿度调节好后，再放入池中。

(2)高温季节要把饲料拌得偏湿一些，并多投一些青绿多汁饲料，做到精、青饲料搭配。精饲料用 2%盐水拌得与饲养土的湿度相近，边拌边喂。

(3)饲养密度大时，要适时分池，减少虫体拥挤和虫体散发热量大，避免饲养土内升温。

(4)地鳖虫将要蜕皮时不要筛虫，以免损伤虫体。

【治疗方法】对已患病的地鳖虫，要将它们筛出来，再用 2%食盐水喷洒虫体，对恢复身体的水分有较好的效果。

7. 卵鞘霉腐病

卵鞘霉腐病又称白僵病，是由卵鞘感染白僵菌引起的一种疾病。

【发病原因】由于储存器和孵化器消毒杀菌不彻底或孵化器内高温高湿，致使大量白僵菌繁殖，使得在存放和孵化期间的卵鞘发霉变质而发病。感染了霉腐病的卵鞘，其孵化率较低，且孵化出来的若虫死亡率较大。

【发病症状】发霉的卵鞘流出白色的液体，在放大镜下观察可以看到白色霉丝，发霉的卵鞘有臭味。

【预防措施】

(1)采集的饲养土必须经过暴晒消毒方能使用。

(2)在高温或是湿度较大的梅雨季节，保持孵化土的适宜湿度，使其湿度不要过大或过小。

(3)在成虫产卵期间，每 5～7 天收集 1 次卵鞘，收集起来的卵鞘经过去杂、洗净、消毒、晾干后存放或孵化。

(3)当有幼虫孵出时，每隔2～3天筛取1次，把若虫放入初孵若虫饲养池内，少量喂食，以免饲料过剩而发生霉烂变质，污染养土。

【治疗方法】本病无治疗措施，只能进行预防。

8. 便秘

【发病原因】食物质量不高或是地鳖虫进食后因体内缺乏水分，导致粪便堵塞。

【发病症状】病地鳖虫肛门堵塞，粪便排泄受阻，有大便动作，但排不出粪便。食欲减退，活动和反应呆滞，机能失调。仔细观察后腹部，会发现其颜色逐渐由深变浅，至呈灰白色，且白色范围越来越向前腹部方向发展，当扩展到腹部时，病地鳖虫便发生死亡。肠道系统受阻，肠道内粪便集聚，靠近肛门的粪便干燥，堵塞肛门，向后呈稀软状，充满整个肠管。

【预防措施】保持充足的饮水，饲料中要保持足够的水分，多饲喂青绿多汁的饲料。

【治疗方法】将大黄苏打片2片研磨后溶于少量酒中，然后加水至1升，喷雾地鳖虫池和地鳖虫体，每日喷1～2次，喷雾时地鳖虫身湿即可。

二、地鳖虫的虫害防治

1. 螨类

螨类是地鳖虫的重要天敌之一，繁殖很快，在地鳖虫的各个龄期都可能发生，危害严重。寄生于地鳖虫身体各部位，也寄生于饲养土表面，以吸食地鳖虫体液为生，轻者可使地鳖虫消瘦，重者导致大量死亡，生产上应采取综合性防治措施。

【发病原因】危害地鳖虫的螨类，体型很小，白色和棕色，如不仔细观察，一般不易发现。因此，必须经常观察，当发现在饲养土表面或虫体上有小白点或棕色小点时，可用放大镜检查土表或虫体，确定是否为螨，以便及时采取措施。

螨类侵入饲养池的途径，主要由饲养土和食料带入；最初带入饲养池时螨类数量不多，但在饲养土潮湿、温度又高的适宜环境下，螨类繁殖很快，从卵孵化成幼螨约需 2 周，再经 2 周变为成螨，成螨继续繁殖后代，而且繁殖率很高，容易造成大发生。

【危害症状】螨类生活在饲养土的表层，晚上地鳖虫出来活动觅食时，爬到地鳖虫身上乱钻乱咬，使地鳖虫受到危害，食欲减退，身体渐弱，有的不能蜕皮生长，有的地鳖虫胸、腹被咬伤后，感染细菌生病而死亡。

【预防措施】要经常观察饲养土表层有无粉螨活动，如发现粉螨活动，应及时捕杀，以免造成危害。

(1)饲养池在使用前要进行消毒处理。

(2)在准备饲养土时，要先经阳光暴晒消毒，严格检查，不要将螨类带进饲养池。

(3)严格把住饲料关，不使带螨类的饲料进入饲养池。在使用精饲料时(糠麸等)，先经微火炒熟，杀死螨类，炒后的饲料具有香味，还可刺激地鳖虫食欲。

(4)饲养池清洁卫生，及时取出坏死的卵鞘和死虫。喂料时注意数量，防止余料掺入土层，及时处理池内有机物的污染等，也可制止螨的发生。

(5)卵鞘要进行清洗、消毒处理，以防卵鞘在孵化时，螨虫对刚孵化出的幼虫进行侵害或是带入饲养池内。可采用

0.5%高锰酸钾水溶液冲洗卵鞘，或用紫外灯照射，以此杀死地鳖虫卵鞘上的螨虫卵。

【治疗方法】若发现螨类已经侵入饲养池，应采取以下措施。

(1)诱集除螨：利用地鳖虫昼伏夜出习性，白天在饲养土表面平铺一层纱布，上面放一些半干半湿并混有鸡粪、鸭粪的饲养土，再加入一些炒香的豆饼、菜籽饼等，厚1～2厘米，粉螨嗅到香味就过来吃，1天左右取出诱饵堆积发酵杀死。也可用废肉、骨头、鱼等炒香，白天放在饲料盘上诱螨，每隔2～3小时清除1次，可连续操作。也可用炒香的麦麸、米糠用水拌湿握成团，松手时不散，养殖池内每平方米放3～5个，每隔1～2小时取出处理，连续多次，效果甚好。

(2)药剂防治：白天地鳖虫出土少或不出土时，用40%三氯杀螨醇稀释1000～1500倍液，喷洒池面，不可过湿，7～10天喷1次，连喷2～3次效果很好。

(3)更换饲养土：对饲养土被粉螨污染严重的池，要更换饲养土。先用筛将地鳖虫筛出，旧饲养土不再使用，以40%三氯杀螨醇200～300倍的稀释液喷洒消毒饲养池；新的饲养土用30%三氯杀螨砜和20%螨卵酯农药，以1∶400稀释，然后以每立方米饲养土40～50毫升拌入，可杀死幼螨和卵。换土同时用柴草烧烤坑壁，将爬到坑壁上的残留螨烧死；然后再换入已经检查设有螨类的饲养土，进行饲养。

2. 线虫病

线虫病是由线虫寄生在地鳖虫卵鞘及肠道内引起的一种寄生虫病，是危害地鳖虫较普遍的一种病害。

【发病原因】病原体为线虫，主要寄生在卵鞘内和地鳖虫肠道内，使卵鞘发霉、腐烂，使虫体消瘦、体质弱、腹泻等。成虫产卵量减少，甚至死亡。寄生在卵鞘内的线虫，成虫细长半透明，长度不足1毫米，卵在100倍放大镜下似绿豆大，五色透明，内含卵黄或幼虫；寄生在地鳖虫肠道内的线虫，成虫如白丝状，1～2毫米，乳白色半透明，肉眼可见，卵在100倍放大镜下如绿豆大，淡黄色半透明，内有1～2个卵黄，卵可随地鳖虫粪便排入饲养土中，地鳖虫吞吃了带卵的饲养土，引起线虫病。

【危害症状】感染了线虫病的卵鞘发霉腐烂，成豆腐乳状，长出霉菌，并伴随有臭味；肠道内有线虫寄生的地鳖虫，其虫体消瘦，早衰，行动迟缓，腹泻，腹部发白，口吐腹水，产卵量减少或不产卵，甚至死亡。

【预防措施】

(1)饲养土使用前进行灭虫处理。

(2)对青绿多汁饲料进行清洗和消毒，用5%的生理盐水拌匀饲料再投喂地鳖虫。

【治疗方法】对患有线虫病的饲养池进行更换新的饲养土，并对饲养池进行消毒、杀虫处理。新饲养土要经过灭菌杀虫处理，备用的饲养土要存放卫生，并保持干燥。

三、地鳖虫敌害的防治

地鳖虫的天敌包括鼠、猫、黄鼠狼、鸡、鸭、蟾蜍、蛇、蜘蛛、蜈蚣等动物，这些动物取食地鳖虫若虫、成虫和卵鞘。防治这些天敌并不难，对鸡、鸭、猫、黄鼠狼等，只要饲养房舍门、窗严密使其无法进入即可解决；同时在饲养坑池加盖铁纱盖、木板盖或竹帘盖，防止蟾蜍、蛙、蛇进入，下面主要介绍几种不容易防治天敌的防治方法。

1. 老鼠

【危害症状】老鼠既能爬高，又会钻洞，无孔不入。它不仅吃土面上的地鳖虫，还会吃饲养土内的地鳖虫和大量卵鞘。在冬季其他食物比较少的情况下，还会打洞进池找食。

在地鳖虫的饲养池内，若发生鼠害不容易在短时间内察觉，因为老鼠危害后留下的踪迹，很快就被地鳖虫的活动而抹平，因此检查时可根据地鳖虫进食情况来判断是否有鼠害存在。如果地鳖虫的取食量连续几天突然减少，甚至投放的饲料原封未动，说明地鳖虫受惊后钻入土中，长时间不敢出来取食，这时就要立即检查是否有鼠害存在，一旦发现可用人工捕杀或者用老鼠药毒杀。但是谨记使用老鼠药，防止地鳖虫误食。

【防治方法】

(1)将饲养室内四周墙基及角落用水泥硬化。

(2)门、窗和饲养池、盆用铁纱网加封，以防老鼠入内。

(3)出入的门要严密。

(4)饲养室不堆放杂物，及时清除污物垃圾等，使老鼠无藏身之处。一旦发现可人工捕杀，或用鼠夹和药物毒杀。使用鼠药时要注意防止地鳖虫误食。

2. 壁虎

【危害症状】1只壁虎，一晚上最多可吃掉几十只幼地鳖虫。

【防治方法】主要是人工捕捉和在池上加装纱网。要经常检查室内墙壁，发现孔洞及时堵塞，防止壁虎进入。特别在晚间用手电筒检查墙壁，发现壁虎及时捕捉。

3. 鼠妇

鼠妇又名潮虫，对生活环境的要求与地鳖虫相似，与地鳖虫争生存环境、争饲料。

【危害症状】在鼠妇大量繁殖的情况下，严重影响地鳖虫的生存。同时，鼠妇还会侵害刚孵出的地鳖虫若虫和处于半休眠状态的蜕皮若虫。

【防治方法】

(1)室内、室外(四周)地面要硬化，墙根、墙角不留缝隙。

(2)门窗要装纱门、纱窗，纱门、纱窗与框结合要严，防止小动物不能从缝隙中钻入。

(3)取敌百虫粉 1 份，加水 200 份，待敌百虫粉溶解后，加入适量面粉，调成糊状，用毛刷蘸取，在养殖池内壁四周的上方涂一横条状，鼠妇食后不久中毒死亡，连用几次；或用上述药糊按上述方法在饲养池壁外四周涂以横条，防止鼠妇入内。

(4)如饲养土中有大量鼠妇存在，可将地鳖虫筛出，被鼠妇占据的饲养土与鼠妇一同清除。

4. 蜘蛛

【危害症状】蜘蛛的繁殖能力很强，如果不及时消灭，饲养室内缝缝角角到处会看到蜘蛛网，这些蛛网对地鳖虫危害很大，特别是对出翅雄成虫影响更大，经常被蛛网粘住而被蜘蛛吃掉，也有碍管理操作。

【防治方法】采用人工捕获，大规模养殖场都配有吸尘机，用吸尘机 1 星期吸 1 次，连续几星期，基本上能把蜘蛛吸光，一般不用什么药物，以免引起地鳖虫误食。

5. 蚂蚁

蚂蚁个体小，善于爬高与钻洞，可以比较容易地钻进饲养室、饲养池，对地鳖虫造成危害，成为地鳖虫养殖业的一大虫害。蚂蚁进入饲养池的主要原因，是饲养池内地鳖虫的尸体发出的特殊臭味，投喂的饲料发出的香味，只要蚂蚁一嗅到这个臭味和香味，就会互相传报使大量蚂蚁进入饲养池。

【危害症状】蚂蚁进入饲养池内，会先咬地鳖虫，注入毒液把地鳖虫麻醉，然后把麻醉不动的地鳖虫拖走，或就地吞食麻醉致死的地鳖虫。或把各龄蜕皮期间不能活动的若虫咬死、吞食，或到处乱爬干扰地鳖虫的活动、觅食、交配和产卵，甚至拖走新产出的卵鞘，对地鳖虫饲养危害极大。

【防治方法】

(1)在建造饲养室、饲养池时，就应把防治蚁害考虑到。应把饲养室内外进行硬化，堵严屋墙、池壁基部孔隙和洞口，使蚂蚁不能爬入。

(2)在饲养池四周用石灰或是氯丹粉拌湿土在外围撒一圈，药效为3～4周，防止将药撒入饲养池内，以免杀死地鳖虫。

(3)可以在饲养池内或边沿放些番茄叶、野胡椒树叶、橘子皮等有气味的东西，蚂蚁嗅到这些物质散发出的气味后，躲开不进入池内，这是一种拒避法防蚁。但所放的物质不能太多，特别在饲养池内不能多放，否则会引起地鳖虫逃出。

(4)硼砂加白糖撒在养殖区四周，可毒死蚂蚁。

(5)若池内有蚂蚁，可将一张纸放在池内，纸上放点骨头或糖块，待蚂蚁取食时把纸取出灭蚁，反复几次，就能清除。若有大量的蚂蚁侵入池内，应将地鳖虫用筛子筛出，并换上新的饲养土。

(6)生产中有人将一只用鼠药毒死的老鼠放臭后置入饲

养房内蚂蚁较多的地方，然后用一块瓦片将死鼠盖住。因有臭味，蚂蚁便成群结队闻味而来争食，凡吃了死鼠的蚂蚁，在很短的时间内便会死亡，死亡率达100%。用此方法除蚁一定要在白天进行，白天放死鼠，天黑前拿出来，第二天再用，对已经死了的蚂蚁应及时清除，以防对地鳖虫有害。

第七章　地鳖虫的采收及产品加工

人工饲养地鳖虫的目的，在于多采收地鳖虫，加工好地鳖虫，既为药品市场提供了药源，又为饲养者取得了经济效益，适时采收和初加工是提高单位饲养面积产量的最后环节，如果初加工做得不好，商品地鳖虫质量差，会影响其售价，减少经济效益。

第一节　地鳖虫的采收

地鳖虫不仅是传统的中药材，而且还含有丰富的蛋白质和大量人体必需氨基酸及对人体有益的脂肪酸、矿物质和微量元素。食用地鳖虫不仅能获得大量人体所必需的营养，而且还能起到增强人体免疫力的功效。

一、药用地鳖虫的采收

1. 采收对象

按照中药药材要求，药用的地鳖虫为干燥的地鳖虫雌虫，包括老龄若虫和成虫。因此，雄性地鳖虫的采收时间应在其羽化前进行，因羽化后的雄虫长出翅膀后便失去了药用价值。雌地鳖虫脱皮第八次后，母虫还未成熟，而雄虫脱翅成熟，因母虫不需要交配，雄虫不起交配作用。而一只雄性成虫能与8～10只雌成虫交配。因此，在留足整个种群中15%左右的雄虫即能满足雌虫交配繁殖的需要，其余的雄虫在羽化前均可采收。采收多余的雄虫后，不但能节省不少的饲料成本，而且还减少了池中饲养密度，可将空出的饲养池空间养殖更多的虫体，减少了雄成虫对雌成虫的繁殖干扰，还增加了经济收益。

在人工饲养情况下，雌性若虫是采收的主要对象。因为人工饲养的地鳖虫雌性若虫在8～10龄时其虫体充实、健壮，体重也是最重的时候，炮制加工后，干品率可达38%～41%左右，而其他虫龄的雌雄若虫的干品率为30%～33%左右，所以除留种用外，这个时期为最适采收时间。采收雌性成虫时，应先采收已过产卵期的衰老体弱虫体，因此类雌虫体重减轻并开始死亡；其次，采收上一年已经开始产卵的雌性成虫，并按产卵的先后顺序，依次进行成批采收，避免在越冬期间死亡。采收次数也不宜过于频繁，因在采收期间常需要翻池过筛，使得虫体受惊而影响生长发育。各地可根据当地的气候以及各虫态的生长发育情况，灵活掌握最佳采收时间。

此外，雌成虫应先采收已超过产卵期的衰老虫体，这样既不会影响产卵繁殖，还可以增加产品的质量。

2. 采收时间

一年之中通常分2批采收，第一批是在8月中旬以前，采收已超过产卵盛期而尚未衰老的成虫；第二批则在8月以后至冬眠前，采收上一年已经开始产卵的雌性成虫，并按产卵的先后顺序依次进行采收。大规模养殖或加温饲养的地鳖虫，待其虫壳坚硬时采收。无论在什么时候采收，都要注意不在其蜕皮、交配、产卵高峰时采收，以免影响地鳖虫的繁殖。

在采收前要对准备留种若虫群体，加强饲养，待到发育快的雄虫有羽化的个体时，可用 2 目筛把老龄若虫筛出，按种用标准选出留种用雄虫和留种用的雌虫，另行放入备用池中饲养，其余的雄虫全部拣出加工处理；对不留种用的雌虫转入其他池中，多喂些精饲料催肥处理，待到蜕最后一次皮以前筛出加工处理。

3. 采收方法

采收地鳖虫时可选用不同规格的筛子将虫体筛出（图 7-1），将需要继续饲养的小若虫、成虫和卵鞘留下饲养，留足雌、雄种虫，然后分群进行饲养，以备产卵繁殖。在采收过筛时注意要小心轻摇，不要伤害虫体，以免造成不必要的经济损失。另外，在地鳖虫蜕皮、交配及产卵旺盛期也不宜采收，以免影响地鳖虫的繁殖。

二、食用地鳖虫的采收

1. 食用地鳖虫的选择

选择的虫体必须是健康的雌成虫体。采收的时间必须是蜕完最后一次皮的初期，虫体还处在白色、乳白色或黄白色的时候（图 7-2）。因为这时体内无食物，体表几丁质含量低，虫体内也干净无粪便。

2. 食用地鳖虫的采收

食用地鳖虫的采收要在地鳖虫最后一次蜕皮后采收，这时的老龄若虫地鳖虫已经长到拇指那么大，即将变为成虫。另外，蜕皮前虫体已经停止吃食，蜕皮后体内已无食物，比较干净，同时刚蜕完皮比较嫩，适宜食用。

图 7-1　药用地鳖虫的采收

三、采收后饲养室的处理

经过一个周期的饲养，饲养场所需要进行处理。饲养场处理前，要把第二个周期的幼虫用临时池安置一下，饲养土出池到室外（重复使用）暴晒 9～10 天（切忌沾染农药）。

饲养土出池后，在饲养池、室中用残效期短的农药喷射消毒，应将门关闭封严，10 天后开启门窗通风，并把饲养土回填入饲养池，1 个月后便可进行第二个周期的饲养。

图 7-2 食用地鳖虫的采收

第二节 地鳖虫的加工

一、药用地鳖虫的加工

1. 加工前的处理

加工前首先将采收到的虫体中的杂质去掉，把弱小的、体扁的不良个体去除，然后绝食 1 天，以便消化完体内的食物和排完体内的粪便，达到空腹状态，否则加工后容易霉变生虫，也影响药效。

2. 加工方法

地鳖虫的加工有晒干法和烘干法 2 种，不管用哪种方法，主要是利用热量除去虫体内的水分，使虫体的含水量在约 5%以下，这样可以避免因含太多水分致使虫体发霉腐烂变质，便于储存。

（1）晒干法：晒干法是将采收到的活地鳖虫放入清水盆中，洗净泥土后捞出，放入含 3%食盐的不锈钢锅内用开水煮烫 3～5 分钟左右，要求开水能完全淹没地鳖虫，待活地鳖虫完全被杀死后捞出，在竹席或干净的水泥晒场里摊开薄薄一层，在阳光下暴晒 3～4 天，虫体完全干燥后即成。

用晒干方式加工成品，体色鲜艳，具有光泽，但在天气不好时容易受潮变质，因此采用这种办法时要在晴朗的天气里采收、加工和晾晒，阴天不要采收。

（2）烘干法：如果饲养规模比较大，产量较高，或者遇到阴雨天气时，可采用烘箱（烘炉）内烘干或用文火炒的加工方法。

烘箱烘干法就是将洗净的地鳖虫放在烘箱内烘干，温度控制在 50～60℃，烘干时一定要从低温逐渐升至高温，以防烘焦虫体而影响其药用价值。

如遇阴雨天，又无烘箱时，可用铁锅烘干，即将烫死的虫体装入铁丝网、篮内，置入锅中烘烤，烘烤温度为 50～55℃，烘烤时不断翻动，使其受热均匀，以防烘焦。有的人直接把虫体放入铁锅内，用铁铲炒拌，将虫烘干，这种烘干方法不但容易将虫体烧焦；还容易损伤虫体，而降低虫体质量。

因采集季节、虫龄及壮瘦程度不同，鲜干折合率有一定差异。经测定统计，足龄雄若虫，每千克干燥虫约 6000 只；足龄雌成虫，每千克干燥虫约 1200 只。雌若虫体重以 9～11 龄时晒干率最高，可达 38%～41%；雄若虫 8 龄时的折干率为 30%～33%。

在加工晒干时，由于地鳖虫会散出一股腥臭味，容易招引蚂蚁，因此应选择无蚂蚁的地方晒虫，或设法防止蚂蚁入内。同时也应该防止苍蝇叮咬虫体，如苍蝇太多则应加网盖防止苍蝇进入。所以在晒干地鳖虫时，应有专人负责看管，保证晒制出高质量的虫体，增加经济效益。

采收应选择好晴天进行，速度要快，一次性采收一大批，不能把连续几天采收的搅和在一起，引起以后干湿不等。

3. 药用地鳖虫的分级

(1)中华地鳖、冀地鳖：统货，足干。虫体扁平，呈椭圆形或卵形，体肥，前狭后宽。背面呈紫褐色或黑棕色，无翅。前胸背板发达，盖住头部。腹背板有 9 节，呈覆瓦状，棕红色。足有 3 对。腹部有环纹。质松脆，易碎。气腥臭，味微咸。虫体完整，无破碎、杂质，无虫蛀、霉变。

(2)金边地鳖：统货，足干。虫体扁平，呈椭圆形。背部呈黑棕色，腹部呈红棕色。前胸背板前缘有黄色镶边。足有 3 对。腹部有环纹。体轻，气腥臭，味微咸。虫体完整，个体均匀，无破碎、杂质，无虫蛀、霉坏。

4. 贮藏

地鳖虫采收晒干后，因市场动态的因素，有时需放置一段时间才上市，以求最佳经济效益，这涉及到贮藏。药材公司、药厂等单位都有专业的库房，养殖场可借鉴其方法做一些小型库房。

加工好的地鳖虫成品，宜用内衬有防潮纸的木箱或纸箱装好密封，每件 50 千克，并在容器内放入 1/3 的生石灰粉和木炭、花椒、樟脑及烟草的根，既可以防潮湿，又可起到防虫蛀的作用。然后放置于干燥、阴凉处保藏。在储藏期间要经常打开容器进行查看，若发现有虫蛀或是霉变，要及时地将地鳖虫放在太阳下暴晒。

地鳖虫极容易发生虫蛀和受潮后发霉。常见的危害地鳖虫的仓储性害虫有白腹皮蠹、花斑皮蠹、黑拟谷盗、圆胸甲、赤拟谷蠹及螨类。地鳖虫被这些害虫蛀后外表不完整，体足残缺不全，常有虫粉和虫粪。被蛀严重时只剩下空壳，最后失去其药用价值，所以在存放期间要注意加强养护，养护有以下几种方法。

(1)在包装箱内放置樟脑、花椒、山苍子及启封的白酒瓶，进行对抗贮藏，可以把害虫驱走，或按件密封，抽氧充氮(或二氧化碳)养护。

(2)贮藏期间要勤检查，发现有轻度发霉或虫蛀时，应及时拆开包装，将地鳖虫摊薄在太阳下暴晒，或用50℃的温度烘烤1小时左右，还可以将其放在零下10℃的低温中进行冰冻处理。

(3)用塑料罩罩严密封，把氧气抽出，充入氮气或二氧化碳进行养护。虫霉发生严重时，应放在熏房或熏柜内，用磷化铝、溴甲烷熏杀。

5. 出售

除在本地药材公司、医院销售外，也可在以下中药材市场出售。

(1)黑龙江省哈尔滨三棵树药材市场；

(2)吉林省抚松县万良镇药材市场；

(3)河北安国药材市场；

(4)广州清平路药材市场；

(5)江西樟树药材市场；

(6)西安万寿路药材市场；

(7)兰州黄河药材市场；

(8)成都荷花池药材市场；

(9)安徽亳州药材市场；

(10)湖北蕲春药材市场；

(11)河南辉县百泉药材市场；

(12)山东省鄄城县舜王城药材市场；

(13)湖南省邵东县廉桥药材市场；

(14)湖南省岳阳花板桥药材市场；

(15)广东省普宁药材市场；

(16)浙江省磐安县药材市场；

(17)广西玉林药材市场；

(18)云南省昆明菊花园药材市场；

(19)重庆市解放路药材市场销售。

二、食用地鳖虫的加工

地鳖虫虫体有难闻的腥味，主要是挥发油中醛类物质，这类物质通过加热高温可以完全消失。因此，食用前必须用1%的盐水浸泡，洗涤干净，再用含盐3%～5%并含有五香调料(配方：100千克水加食盐3千克，桂皮100克，花椒80克，大茴香80克，豆蔻40克，良姜40克，小茴香30克，丁香30克，甘草30克。把这些香料用纱布包好放入水中煮2小时，待味入水后，用煮沸的五香调料浸烫活地鳖虫)，杀死后继续浸泡4～5小时，捞出后晾干或烘干，即可进行加工食用。

第三节 地鳖虫验方

地鳖虫是我国传统的名贵中药，其药用价值高，应用广泛，除出售给药材公司作为制作成药的原料外，也可自己制作方剂进行疗病。下面列举一些医学验方供参考使用。

1. 呃逆

地鳖虫（去头足）20 克，研细末，每次服 5 克，温开水送服。孕妇禁用。

2. 闭经

地鳖虫 10 克，桃仁 10 克，大黄 15 克（打碎），水煎，冲少许酒服。

3. 痛经

地鳖虫 5 个，焙焦研末，用煨姜适量，煎汤，加白糖调服。

4. 乳腺增生

地鳖虫 10 克，川楝子 10 克，王不留行 10 克，皂角刺 10 克，丹参 15 克，橘叶 15 克。水煎分 3 次服，每日 1 剂。

5. 肝硬化

地鳖虫 100 克，紫河车 100 克，红参须 100 克，炮山甲 100 克，三七 100 克，姜黄 100 克，鸡内金 100 克。共研细末，水泛为丸。每次 3 克，1 日 3 次，温开水送服。服完 1 料为 1 个疗程。

6. 颈椎炎

地鳖虫 10 克，血竭 10 克，冰片 10 克，牛膝 10 克，乳香 5 克，没药 10 克，马钱子 5 克，全蝎 5 克。共研细末，撒在湿热纱布上外敷颈部，每晚 1 次，6 天为 1 个疗程。本品有毒，不可内服。

7. 类风湿性关节炎

(1)地鳖虫30克，炙蜈蚣30克，炙僵蚕30克，炮山甲25克，白花蛇50克，地龙150克。痛甚加炙全蝎30克。诸药共研细末，分装40包，每日早、晚各服1包。有效时，可继续服2～3料，以巩固疗效。

(2)地鳖虫、全蝎、蜈蚣、地龙、乌蛇各10克。诸药共捣碎，加白酒500毫升浸泡1周后备用，每次服1～20毫升，早、晚各1次。

8. 骨质增生

(1)地鳖虫10克，制马钱子10克，蜈蚣10克，熟地40克，鹿角胶40克，龟板40克，当归30克，川芎30克，红花30克，麻黄30克，桂枝30克，防风30克，制川乌5克，制草乌5克。诸药共研细末，加蜂蜜炼制为丸，每丸9克，每日早、晚各服1丸，1个月为1个疗程。服药期间忌食猪肉、鱼肉，禁止房事。

(2)地鳖虫36克，血竭36克，防风36克，当归36克，透骨草36克，白花蛇舌草20克，威灵仙72克。混合研成细末，每次服用3克，白开水送下，每日早、中、晚各1次。每副药服30天，每服完1副时，停药10天后再服下1剂。

9. 跌打损伤

(1)地鳖虫、儿茶、大黄各40克，炒骨碎补、当归、制乳香、制没药、续断各60克，红花120克，三七20克，血竭14克，冰片4克。将冰片、三七研细，与其余药共研成细末，过筛，混合均匀即可。每次服3克，每日服2次，温开水或黄酒送服。另外，可用黄酒或醋调成糊敷于患处。

(2)地鳖虫，没药、炒乳香、骨碎补各 9 克。共研成细末，每日服 2 次，用温开水送服。

(3)地鳖虫、当归尾各 9 克，红花、没药、乳香各 6 克，血竭 4 克，儿茶 3 克，麝香 0.6 克，冰片 0.6 克。共研成细末，每次服 9 克，每日服 2 次，用黄酒送服。

10. 蜈蚣咬伤

地鳖虫、蟑螂各 3 只，共捣烂敷伤处。

11. 外伤血肿

取活地鳖虫(用量视肿块大小而定)放冷水中漂洗 2 次，置容器中捣烂，再加热黄酒 250 毫升左右，加盖放锅内焖 15 分钟左右，取出用纱布过滤，渣敷患处，绷带固定。滤下之黄酒趁热饮之，以醉为度，卧床盖被，微汗为佳。

12. 高血压

用地鳖虫、水蛭等量研末装胶囊，每粒含生药 0.25 克，每次服 4 粒，1 日 3 次。

13. 狗咬伤

(1)地鳖虫 7 个(去足，炒)，生大黄 15 克，桃仁 7 粒(去皮，尖)，蜂蜜 9 克，黄酒 1 碗，共煎，15 分钟后服用。

(2)用桃仁(去皮尖)、地鳖虫(去头足)各 6 克，生大黄 9 克，蜂蜜(冲服)15 克，水煎服。

14. 鼻咽痛

用地鳖虫、酸浆草、红糖，捣烂外敷治疗鼻咽癌，第 2 次用药去酸浆草。用量根据病情轻重而定。

15. 外痔

用活地鳖虫，去除头，涂擦外痔，每日 1 次，3～4 天即可见效。

16. 内痔

地鳖虫、枯矾、血余炭、地榆炭、露蜂房(煅)各 12 克，共研细末，消毒后备用。再用芒硝、黄柏各等份，开水浸泡，于大便后熏洗肛门，然后取适量备好的药面放在洁净的纸上，掺入肛门即可。用药期间忌一切辛辣刺激品，轻者 2～3 次，重者 4～5 次即愈。

17. 腱鞘炎

用地鳖虫 6 克，生栀子 10 克，生石膏 30 克，桃仁 9 克，红花 12 克，共研细粉，75％酒精浸湿，蓖麻油调成糊状，摊于纱布上，敷贴患处，隔日换药 1 次。

18. 银屑病

用地鳖虫、全蝎、蜈蚣、蕲蛇，按 2：1：5：2 的比例混合，烘干，研细，每次服 3 克，1 日 3 次，白酒或白开水吞服。

19. 失语

用地鳖虫 7 只，食盐 50 克，加水 500 毫升煎煮 15 分钟，去渣取汁，温时口含，每日 3～5 次。

20. 疮疖

用地鳖虫 6 只，蜈蚣 3 条，雄黄 6 克，共研成细末，用鸡蛋清调成糊状，外敷于患处，每日 1 次。

21. 肢体麻木

用地鳖虫 3 只，全蝎 1 只，白酒适量。将土鳖虫和全蝎置于白酒内浸泡 1 个星期后取出，焙干，研成细末，每次服 3 克，每日 2 次，用温开水冲服。

22. 慢性肝炎

地鳖虫、太子参各 30 克，紫河车 24 克，姜黄，郁金、三七、鸡内金各 18 克，共研，另以虎杖、石见穿各 120 克煎汁泛丸，每次 3 克，每日 3 次。

参 考 文 献

1 李德全．地鳖虫(土元)养殖关键技术．郑州:中原农民出版社,2012

2 王立金．地鳖虫养殖技术．广州:广东科学技术出版社,2002

3 王林瑶,张立峰．药用地鳖虫养殖(修订版)．北京:金盾出版社,2008

4 向前,李德全．地鳖虫养殖实用技术(修订本)．郑州:河南科学技术出版社,2011

5 潘红平,阮燕春．地鳖虫高效养殖有问必答．北京:化学工业出版社,2012

6 马仁华,曾秀云．地鳖虫养殖新技术问答．北京:中国农业出版社,2005

7 陆善旦,王建,谢宝玲．地鳖虫黄粉虫饲养技术．南宁:广西科学技术出版社,2001

8 王淑敏．地鳖虫生产技术．北京:中国农业出版社,2004

9 徐秀容,孙得发．药用虫养殖新技术．北京:中国农影音像出版社,2005